Anita Schäffer | Norbert Schäffer

Vögel füttern im Garten

ganzjährig und naturnah

Ulmer

Inhalt

Vögel in unseren Gärten

Grünfink und Kleiber: Gartengäste mit Wurzeln in Feld und Wald.

Unsere Gartenvögel: Wo kommen sie her?

Viele der häufigen Wald- und Feldvögel Mitteleuropas finden sich auch in unseren Gärten ein. Aber warum kommen sie zu uns, und zwar so regelmäßig, dass wir diese Arten inzwischen „Gartenvögel" nennen? Was können unsere Gärten diesen Vögeln bieten?

Der Begriff „Gartenvögel" beschreibt eine Gruppe von Vogelarten, die Sie häufig in Gärten und Parks antreffen können. Die meisten dieser Arten zählen zu den Singvögeln. Unter ihnen gibt es Körnerfresser und solche, die sich ausschließlich von Insekten ernähren, aber auch Arten, deren Speisezettel sich im Laufe des Jahres nach dem Angebot richtet. Zahlreiche Vogelarten, die im Sommer Insekten fressen, weichen in der kalten Jahreszeit auf Sämereien aus, oder sie sind gezwungen, im Winter, wenn tierische Nahrung knapp wird, wegzuziehen. Gartenvögel brüten in freien Nestern in Büschen und Bäumen, in Baumhöhlen, Hohlräumen und Nischen an Gebäuden oder auch in Nistkästen.

Ohne den Menschen wäre Deutschland bis auf wenige Ausnahmen, etwa Moore, Sümpfe oder die Hochlagen von Gebirgen, fast flächendeckend mit mehr oder weniger dichtem Wald bestanden. In unteren und mittleren Höhenlagen wären in ganz Mitteleuropa besonders Laub- und Mischwälder prägend, dominiert vor allem von den Baumarten Buche und Eiche. Für unsere heimische Vogelwelt stellen derartige Wälder, insbesondere wenn diese naturnah erhalten sind, einen besonders wichtigen Lebensraum dar. Gärten und Parks sind durch Menschen entstandene Lebensräume, die jedoch viele der in Wäldern vorhandenen Lebensraumstrukturen haben können, und dies oftmals sogar auf engem Raum. Hierzu gehören Bäume, Hecken, eine Krautschicht, aber auch offene Bereiche wie Wiesen oder vegetationsarme Flächen.

Der ursprüngliche Lebensraum vieler unserer Gartenvogelarten sind Wälder. Von dort kommen zum Beispiel Amsel, Kohl- und Blaumeise und auch der Kleiber. Daneben finden Sie in Gärten aber auch Arten, die in eher offenen Lebensräumen vorkommen, beispielsweise auf kleinen Brachflächen. Hierzu gehören Arten wie Stieglitz und Hänfling. Und nicht zuletzt leben in unseren Siedlungen auch Vogelarten, die ursprünglich an Felsen brüten, so etwa Rauch- und Mehlschwalbe oder Mauersegler sowie Arten mit wenig spezifischen Lebensraumansprüchen wie beispielsweise Haus- und Feldsperling.

Verarmte Landschaft

In den vergangenen Jahrzehnten sind artenreiche Feld-, Weg- und Grabenränder aus unserer offenen Landschaft weitgehend verschwunden, vielerorts wurden auch Hecken beseitigt. Immer weniger landwirtschaftliche Betriebe bewirtschaften immer größere einheitliche Flächen mit immer größeren Maschinen. Der Einsatz von Schädlingsbekämpfungsmitteln beeinträchtigt das Nahrungsangebot von Vögeln. Vor allem die Menge der Insekten wird immer geringer, in wenigen Jahrzehnten hat ihre Biomasse um 80–90 % abgenommen. Hauptgrund ist der Chemieeinsatz in der Landwirtschaft. Brachflächen, auf denen zahlreiche Ackerkräuter ihre Samen ausbilden konnten, gibt es kaum mehr, und auch Acker- und Gewässerrandstreifen sind nicht breit genug, werden gemäht oder existieren gar nicht.

Nachdem die offene Landschaft vor allem durch Intensivierung der Landwirtschaft immer strukturärmer und für viele Tier- und Pflanzenarten lebensfeindlicher geworden ist, haben einige Vogelarten mittlerweile in Gärten und Parks wichtige Ersatzlebensräume gefunden. Während die Bestände zahlreicher, ehemals häufiger Vogelarten in der freien Landschaft rückläufig sind, gibt es zumindest bei einigen Gartenvogelarten durchaus positive

Die Mönchsgrasmücke profitiert vom Lebensraum Garten.

Bestandstrends, zum Beispiel bei Amsel, Mönchsgrasmücke und Stieglitz. Auch die Bestände von Blau- und Kohlmeise sind eher zunehmend als stabil, vor allem in Gärten.

Kulturfolger und Urbanisierung

Vögel und andere Tierarten, die in der Nähe des Menschen einen Platz zum Leben gefunden haben, nennt man Kulturfolger. Ihr Vorkommen ist heute eng mit Siedlungen verknüpft. Ein ganz typischer Vertreter der Kulturfolger ist der Haussperling. Vor der Industrialisierung der Landwirtschaft fanden Haussperlinge reichlich Nahrung auf Feldern. Sie pickten die Samen von Wildkräutern, später die bei der Getreideernte danebengefallenen Körner, im Winter fanden sie noch in den Scheunen und um die Wirtschaftsräume der Bauern Körner.

NUR INSEKTEN

Mauersegler, Rauch- und Mehlschwalben ernähren sich einzig und allein von Fluginsekten, die sie in der Luft über Ortschaften und der offenen Landschaft erbeuten. Ihre Nahrungsgrundlage hat sich durch die Intensivierung der Landwirtschaft sowie zunehmende Flächenversiegelung stark verringert. Arten, die sich von Fluginsekten ernähren, sind bei ihrer Nahrungssuche jedoch nicht an Gärten gebunden und kommen auch nicht an Fütterungen.

WAS GÄRTEN FÜR UNSERE VOGELWELT BEDEUTEN

Alle Gärten Deutschlands zusammen belegen eine Fläche von mehr als 10 000 km^2. Dies entspricht nahezu 3 % der gesamten Landesfläche. Schon alleine in der großen Flächenausdehnung des Lebensraumes Garten erklärt sich seine Bedeutung für unsere Vogelwelt. Die in vielen Teilen enge Verzahnung von verschiedenen Lebensraumrequisiten wie hohe Bäume, dichte Büsche, Grasflächen und Blumen trägt ebenfalls zu dieser Bedeutung bei. Ausschlaggebend für eine reiche Artenvielfalt – nicht nur von Vögeln – ist dabei, wie naturnah die Gärten gestaltet sind.

Heute ist der Haussperling in vielen Städten selten geworden – beispielsweise in München. Im Stadtkern dieser Großstadt existiert nur noch eine einzige kleine Haussperlingskolonie am Platz hinter dem Rathaus. Neben dem Mangel an geeigneter Nahrung spielt dort das schlechte Nistplatzangebot eine wichtige Rolle beim Verschwinden der Haussperlinge. In Berlin dagegen geht es den Haussperlingen noch immer relativ gut, denn sie finden hier (noch) ausreichend Nistplätze, etwa in bisher unsanierten Gebäuden, und auch Nahrung, zum Beispiel auf brachliegenden Flächen.

Weitere Kulturfolger gibt es unter denjenigen Arten, die ursprünglich in Felsnischen und Höhlen brüteten und nun unsere Bauwerke als „Ersatzfelsen“ entdeckt haben, darunter Mauersegler, Mehl- und Rauchschwalben sowie Dohlen. Doch auch ihre Bestände nehmen ab, denn energietechnisch günstige Neubauten und Gebäudesanierungen lassen ihnen häufig keinen Brutplatz mehr.

Bei einigen Vogelarten wird seit geraumer Zeit zunehmend eine Verstädterung (Urbanisierung) festgestellt, das heißt, diese Arten verlegen ihren Hauptlebensraum in Siedlungen und Gärten. Beispiele dafür sind Ringeltaube, Amsel und Mönchsgrasmücke. Die allseits bekannte Amsel war in Deutschland noch vor 200 Jahren ein typischer Waldvogel – in einigen osteuropäischen Ländern ist das noch immer so. In Deutschland ist die Amsel heutzutage aus den Siedlungen nicht mehr wegzudenken.

Die Gesamtbestände vieler Vogelarten, die sowohl im Wald wie auch in Gärten leben, haben in den vergangenen Jahren zugenommen. Einzeln gesehen ergeben die Trends ein interessantes Bild: Während die Zahlen in Wäldern vielfach konstant bleiben oder sogar abnehmen, steigen die Bestände im besiedelten Raum derzeit an. Als Ursachen für den positiven Bestandstrend einiger Vogelarten in Gärten wird die zunehmende Ausdehnung von Gärten vermutet, aber auch die wachsende Zahl der dort gepflanzten Gehölze.

Gartenvogelwelt im Jahreslauf

Die Vogelwelt in unseren Gärten verändert sich im Jahreslauf, denn die Lebensbedingungen sind bei uns im Sommer ganz anders als im Winter. Achten Sie doch mal darauf, welche Vögel wann in Ihrem Garten zu beobachten sind.

Körnerfresser finden in den meisten Fällen bei uns auch zur kalten Jahreszeit noch Nahrung. Für Vögel, die sich ausschließlich von Insekten ernähren, sieht es im Winter jedoch eher schlecht aus. Zum einen gibt es dann weniger kleine Tiere, zum anderen überwintern die wenigen vorhandenen Wirbellosen im Boden, in der Laubstreu, in Rindenritzen oder anderen Verstecken, sind also für die Vögel nicht gut zu erreichen. Viele Vogelarten ziehen daher über den Winter fort in wärmere Gegenden, nach West- und Südeuropa oder sogar bis nach Afrika, wo die Nahrungslage bei den dortigen milderen Temperaturen besser aussieht als bei uns.
Im Gegenzug kommen allerdings weiter nördlich und nordöstlich brütende Vögel, insbesondere Sämereien- und Früchtefresser, als Wintergäste in unsere Gärten.

Und dann gibt es auch noch Vögel, die nur kleinräumig umherziehen, um zum Beispiel schlechter Witterung oder Kälteperioden auszuweichen. Selbst die Amsel, die im Frühjahr im eigenen Garten gebrütet hat, muss nicht dieselbe sein, die im Winter an der Futterstelle frisst. Eine Besonderheit im Zugverhalten zeigen unsere Buchfinken: Während bei ungünstiger Witterung oder Kälte die meisten Weibchen und Jungvögel Richtung Westen abwandern, bleiben die Männchen bei uns. Dadurch erklärt sich auch der wissenschaftliche Name des Buchfinken, *Fringilla coelebs*, der ehelose Fink, der Junggeselle also.

Heute viele, morgen wenige ...

Im Frühjahr halten sich in unseren Gärten vor allem Vogelarten auf, die auch hier brüten. Nach der Brutzeit, im Spätsommer und Herbst, mausern

Bei den Buchfinken bleiben vor allem die Männchen im Winter bei uns.

viele Vögel und verhalten sich in dieser Zeit ausgesprochen unauffällig. Viele verlassen auch unsere Gärten, um in der freien Landschaft Nahrung zu finden. Wenn diese dann im Laufe des Winters aufgebraucht ist, kommen sie wieder zurück in unsere Gärten, insbesondere an die Futterstellen.

Es ist also immer sehr viel Bewegung in der Vogelwelt in unseren Gärten – Grund genug, etwas genauer hinzusehen und vielleicht auch in einem Tagebuch niederzuschreiben, was sich so tut. Bald werden Sie ein gewisses Muster erkennen können, wobei von Jahr zu Jahr Unterschiede auftreten und auch Überraschungen niemals ganz ausbleiben.

MASSENEINFLÜGE

In manchen Wintern sind von einigen Arten besonders viele Vögel bei uns zu beobachten, während dieselben Arten in anderen Jahren kaum oder gar nicht auftreten. Solche auffälligen Unterschiede kennt man beispielsweise vom Seidenschwanz, vom Erlenzeisig und vom Bergfink. Vor allem in Jahren mit sehr viel Nachwuchs ziehen diese Vogelarten im Winter, wenn sie in ihrem angestammten Überwinterungsgebiet weiter nördlich keine Nahrung mehr finden, weiter nach Süden und Westen. Vogelkundler bezeichnen einen solchen Wegzug als Evasion, den massenhaften Einflug in Gebiete mit besserem Nahrungsangebot als Invasion, Vögel, die solch ein Zugverhalten zeigen, als Invasionsarten.

Was Gartenvögel brauchen

In manchen Gärten wimmelt es von Vögeln, in anderen lässt sich kaum einer blicken. Häufig liegt das daran, ob der Garten die richtigen Lebensbedingungen bietet oder nicht. Als Gestalter Ihres Gartens können Sie einiges tun, um diesen vogelfreundlich zu machen.

Bruthöhlen, auch in Form von Nistkästen, und heimische Sträucher machen einen Garten für Vögel attraktiv.

Damit sich Vögel in Ihrem Garten wohlfühlen und vielleicht auch ihren Nachwuchs hier großziehen, müssen vor allem zwei Bedingungen erfüllt sein: sie brauchen ausreichend geeignete Nahrung und sie brauchen Brutmöglichkeiten. Beides kann für verschiedene Arten unterschiedlich sein. Weiterhin spielt Sicherheit, zum Beispiel vor Katzen und Stress verursachenden Störungen, eine große Rolle.

Geeignete Nahrung bedeutet in erster Linie, dass Vögel Sämereien und Körner sowie Insekten und andere Wirbellose finden. Viele Insektenarten sind auf heimische Pflanzen, vor allem auch Bäume und Büsche, spezialisiert. Fremde Baum- und Straucharten wie Kirschlorbeer oder Forsythie nützen Insekten und damit hungrigen Vögeln so gut wie gar nichts. Aber setzen Sie sich mal im Frühjahr bei schönem Wetter unter einen Obstbaum oder neben einen Weidenbusch. Es wird Sie überraschen, wie viel geschäftiges Summen dort herrscht.

Auch das beste Vogelfutter kann keinen naturnahen Garten ersetzen, aber durch das Zufüttern können Sie das Nahrungsangebot einiger Gartenvogelarten ganzjährig verbessern.

Vögel brauchen mehr als Futter

Ihre Nester bauen Vögel je nach Art in Sträuchern und Bäumen oder Nischen und Höhlen. Dafür müssen sie auch geeignetes Nistmaterial sammeln können. Das sind sehr häufig trockene Pflanzenteile, zum Beispiel Gras, Blätter, Ästchen, aber auch weiches Material wie die Wolle von Distelsamen, Tierhaare oder Moos (Seite 82).

Zum Komfortverhalten zählt bei Vögeln die Pflege ihres Gefieders. Viele Vögel baden in Wasser – manche mehr, andere weniger, einige Arten baden auch in feinem Sand. Anschließend wird sich geputzt. Wasserstellen und Sandbäder können Sie im Garten leicht ergänzen (Seite 16).

Zum Schlafen suchen Vögel vor Wind und Nässe, aber auch vor Fressfinden geschützte, sichere Verstecke auf, etwa in einem dichten oder mit Dornen bewehrten Strauch. Auch tagsüber suchen Vögel Deckung, wenn sie rasten oder sich putzen.

Gärten sind zwar per Definition ein abgegrenztes Stück Land, in dem hauptsächlich Pflanzen gepflegt werden; ein Kunstprodukt, also kein natürlicher Lebensraum, den aber viele Tierarten für sich entdeckt haben. Häufig wird dieser Lebensraum durch Nisthilfen und Futterstellen ergänzt. Durch eine geschickte Auswahl von Pflanzen und Gartengestaltung können Sie den Vögeln aber von vornherein gute Bedingungen bieten. Mehr dazu finden Sie auf Seite 74.

Vögel und Katzen

Viele Vogelfreunde ärgern sich darüber, dass gelegentlich ein Sperber einen Feldsperling schlägt oder eine Elster ein Amselnest zerstört. Greifvögel und Rabenvögel sind jedoch Teil des natürlichen Ökosystems, und der durch sie ausgelöste Verlust an Vogelindividuen kann ausgeglichen werden. So brüten beispielsweise Amseln zwei- bis dreimal jährlich, wobei eine erfolgreiche Brut für den Erhalt des Bestandes ausreicht.

Katzen sind eine viel größere Gefahr für Vögel. Zum einen ist die Dichte von Katzen im besiedelten Bereich um ein Vielfaches höher als die von anderen Beutegreifern, zum anderen sind Katzen nicht davon abhängig, Beute zu machen, und werden demnach in ihrer Zahl auch nicht durch das Angebot an natürlicher Nahrung begrenzt. Weiterhin führt die reine Anwesenheit von Katzen dazu, dass Vögel Lebensräume meiden, seltener ihre Jungen füttern und durch ihre Warnrufe mit höherer Wahrscheinlichkeit von Rabenvögeln entdeckt und ihre Nester zerstört werden. Durch ein paar einfache Maßnahmen können Sie aber eine gewisse Möglichkeit der Koexistenz von Katzen und Vögeln im Garten erreichen (Seite 78).

Eine badende Amsel an der Tränke.

Kleine Extras für den Komfort

Nahrung und Wohnraum sind fürs Leben zweifellos vorrangig wichtig. Aber um sich wirklich wohlzufühlen, müssen ein paar kleine Extras für den Komfort gegeben sein. Baden zum Beispiel ist für Vögel überlebenswichtig.

Für Wohlbefinden sorgt auch bei Vögeln alles, was mit der Pflege von Körper und Federkleid zusammenhängt: sich kratzen, säubern oder sonnenbaden beispielsweise. Die meisten Vögel sind dabei mit ihrer eigenen Gesellschaft zufrieden, Spatzen nutzen Körperpflege aber auch zur Festigung sozialer Kontakte. Es ist gut, wenn die Bedingungen für Komfort im Garten vorhanden sind.

Trinken, Baden, Duschen

Vögel brauchen auch Wasser. Vor allem Körnerfresser müssen täglich trinken, damit sie ihre Nahrung verdauen können. Aber Wasser ist auch wichtig

HAKEN UND BÖGEN

Damit das Federkleid seine Zwecke erfüllen kann, müssen die sauberen Federn immer wieder „repariert" werden, das heißt, ihre Struktur und Anordnung müssen wiederhergestellt werden. Federn bestehen, wie unsere Haare oder Fingernägel, aus Horn. Sie werden in zwei Hauptgruppen unterschieden: Konturfedern und Daunenfedern.

Konturfedern sind durch eine mehr oder weniger scharfe Außenkante gekennzeichnet. Alle den Körper bedeckenden Federn, die Schwungfedern der Flügel und die Steuerfedern des Schwanzes sind Konturfedern. Bei ihnen gehen von einem Schaft sogenannte Äste aus, die an der einen Seite mit Haken-, an der entgegengesetzten Seite mit Bogenstrahlen besetzt sind. So nennt man die feinen, weicheren Teile der Feder. Die Haken eines Astes passen genau in die gebogene Kante des benachbarten Astes, so dass die Äste reißverschlussähnlich miteinander verbunden sind und in ihrer Gesamtheit eine Fläche bilden. Reißt eine solche Verbindung auf, repariert der Vogel sie, indem er die Feder durch den Schnabel zieht, wodurch die Haken wieder in die Bögen greifen können.

Daunenfedern liegen unter den Deckfedern am Körper und sind sehr flauschig. Zwischen ihren ungeordneten Federästchen können die Vögel Luft speichern und sich dadurch warmhalten. **Im Winter** ist Wasser für Vögel nicht weniger wichtig. Jetzt brauchen sie es vor allem, um das Gefieder zu pflegen. In den intakten aufgeplusterten Federn hält sich die Wärme und das Federkleid wirkt isolierend. Da natürliche Trink- und Badestellen bei tieferen Temperaturen häufig gefroren sind, ist es für die Vögel hilfreich, wenn Sie in Ihrem Garten Wasser zur Verfügung stellen, zum Beispiel in einer Vogeltränke. Das kann ein Designerstück aus dem Fachhandel sein, es tut aber auch eine einfache Schale wie ein großer Untersetzer für einen Blumentopf. Vögel machen auch keinen Unterschied zwischen einer Tränke und einem Vogelbad.

für die Gefiederpflege. Wenn das Federkleid verschmutzt ist, kann das dessen Isolationswirkung oder die Flugfähigkeit des Vogels beeinträchtigen, also müssen Vögel ihre Federn täglich in Ordnung halten. Um Schmutzpartikel zu lösen, baden sie in Teichen, Pfützen oder flachen Behältern, in denen sich Regenwasser sammelt. Anschließend werden die Federn mit dem Schnabel gereinigt und wieder in die richtige Form gebracht. Je nach Art tauchen Vögel beim Baden komplett unter oder benetzen nur das

Gefieder. Manche Vögel duschen regelrecht, indem sie ihr Gefieder im Regen nass werden lassen.

Der richtige Standort ist auf freier Fläche in der Nähe von Deckung und Sitzgelegenheiten zum Trocknen der Vögel, aber ohne Hinterhalte für Katzen.

Gute Vogeltränken ...

- ... haben eine raue Bodenoberfläche, die für besseren Halt sorgt.
- ... sind groß genug, dass mehrere Vögel gleichzeitig darin baden können, zum Beispiel Stare.
- ... haben eine Erhöhung in der Mitte, damit beim Trinken nicht der ganze Vogel im Wasser sitzt. Ein größerer Stein in einer Schale beschwert zusätzlich das Gefäß und bewahrt es vor Umkippen.
- ... werden täglich mit frischem Wasser befüllt, um Krankheitskeime und deren Ausbreitung so gering wie möglich zu halten.
- ... frieren nicht zu; ein kleiner Ball oder Kork, der auf der Oberfläche schwimmt und diese in Bewegung hält, verhindert im Winter das Einfrieren (außer bei sehr tiefen Temperaturen).

Ein naturnaher Teich im Garten ist zweifellos die beste Vogeltränke. Er muss aber mindestens eine seichte Uferstelle haben, an der die Vögel das Wasser bequem erreichen können. Im Winter hilft es den Vögeln, wenn Sie bei Frost die Eisschicht regelmäßig aufbrechen.

Gefiederpflege im Sand

Neben dem Baden in Wasser sind auch Sand- oder Staubbäder bei Vögeln weit verbreitet. Besonders wichtig sind Sand- oder Staubbäder etwa für Spatzen, die so Parasiten aus ihren Federn scheuern. Sandbaden dient aber auch dem Sozialkontakt, denn meist nutzen mehrere Sperlinge gleichzeitig Kuhlen mit dem feinen Substrat.

Einen Sandbadeplatz können Sie ganz einfach anlegen – sofern es nicht ohnehin schon eine sandige Stelle im Garten oder Hof gibt, die frei von Bewuchs bleibt. Am einfachsten ist es, eine flache, breite Schale, zum Beispiel einen großen Blumentopfuntersetzer, mit feinem Sand zu füllen und frei zugänglich aufzustellen. Sie können aber auch an geeigneter Stelle eine flache Kuhle im Boden graben oder eine Begrenzung aus Ästen oder Holzleisten bauen, in die Sie dann Sand füllen. Zum Befüllen eignet sich im Handel erhältlicher Vogelsand, aber auch sehr feiner Sand aus der Umge-

Haussperlinge baden intensiv im Sand, um ihr Gefieder zu pflegen.

bung. Möglicherweise nutzen leider auch Katzen solche Sandbäder für ihre Geschäfte, so dass Sie den Sand unbedingt bei Bedarf austauschen sollten. Eine erhöht aufgestellte Sandschale, etwa auf einem Baumstumpf, ist eventuell die bessere Lösung.

Sonnenbäder

Sich in der Sonne zu aalen, ist nicht nur bei vielen Menschen, sondern auch bei Vögeln beliebt. Die Sonnenbäder dienen, ebenso wie das Baden im Wasser und Sand, der Gefiederpflege, denn die UV-Strahlen helfen beim Loswerden lästiger Parasiten.

Die Vögel versuchen dabei, möglichst viel Körper- und Flügelfläche von der Sonne bescheinen zu lassen, indem sie sich flach, mit seitlich gedrehtem Kopf und ausgebreiteten Flügeln an den Boden drücken. Gegen die Hitze ist dann meist noch der Schnabel geöffnet. Das sieht zuweilen etwas unbequem aus, dem Vogel geht es aber gut dabei.

Magensteinchen

Vögel haben keine Zähne und können ihre Nahrung nicht kauen. Körner werden daher im sogenannten Muskelmagen zermahlen. Damit das besser funktioniert, nehmen einige Vogelarten auch kleine Steinchen auf, die im Muskelmagen wie Mühlsteinchen wirken und für eine bessere Zerteilung der Körner sorgen. Als solche Magensteine eignen sich – je nach Größe des Vogels – grobe Sandkörner bis hin zu feinem Kies.

Sie kennen dieses Verhalten vielleicht von Hühnervögeln und Tauben. Tatsächlich aber nehmen viele Körnerfresser, darunter Sperlinge und Finken, kleine Magensteinchen auf. Streuen Sie ihnen also einige Handvoll Sand am Rande größerer Rasenflächen oder gepflasterter Terrassen und Gartenwege aus.

Nahrungsangebot im Jahreslauf

Frühjahr, Sommer, Herbst und Winter – bei uns in Mitteleuropa sind die Jahreszeiten mit ihren jeweiligen Vorzügen und Härten recht ausgeprägt, wenn auch nicht extrem. Für die Vögel heißt das, sich in ganz unterschiedlichen Weisen auf das Angebot einzustellen.

Werden die Tage im Frühjahr länger hell und wärmer, beginnen Blumen zu blühen und Insekten kommen in Schwung. Viele Pflanzen produzieren bunte Blüten, in denen Insekten nach Nektar suchen und die sie gleichzeitig bestäuben. Lange bevor es im Herbst wieder kälter wird, haben die meisten Bäume, Büsche und Stauden Samen gebildet. Die Mehrzahl der laubtragenden Bäume und Sträucher unserer Breiten wirft im Winter ihre Blätter ab, so kann der Frost ihnen nichts anhaben. Die oberirdischen Teile von Stauden vertrocknen oder sterben ab. Viele Insektenarten überleben den Winter als Larven oder im Puppenstadium, andere verstecken sich in geschützten Bereichen, etwa der Laubstreu oder alten Grasbüscheln, in

BLAUMEISEN UND RAUPEN

Bei Blaumeisen wurde der Zusammenhang zwischen Nahrungsangebot und Jungenaufzucht besonders gut untersucht. Die Temperaturen im Frühjahr steuern den Austrieb der Laubbäume und damit auch die Entwicklung von Raupen, die sich dann von den Knospen und Blättern ernähren. Auch der Zeitpunkt der Eiablage bei der Blaumeise richtet sich nach diesen Phänomenen, so dass die Jungvögel just dann schlüpfen, wenn gerade die meisten Raupen zur Verfügung stehen. Da Knospenaustrieb und Raupenentwicklung von der jeweils herrschenden Witterung beeinflusst werden, kann auch das Datum, zu dem die Blaumeisen mit dem Eierlegen beginnen, von Region zu Region und von Jahr zu Jahr unterschiedlich sein. In der Regel brüten Blaumeisen nur einmal pro Jahr.

Das späte Frühjahr bringt energiereiche Insekten und ihre Larven für den Nachwuchs.

Rindenritzen, unter Holz oder Steinen. Für Insektenfresser bedeutet dies, dass ihr Speisezettel in dieser Zeit sehr mager ausfällt.

Vögel brauchen natürlich das ganze Jahr über Nahrung. Sie wissen sich aber zu helfen. Die meisten Insektenfresser unter den Gartenvögeln ziehen im Winter in wärmere Gegenden, diejenigen, die bei uns bleiben, weichen auf andere Nahrung aus, zum Beispiel auf Früchte oder Sämereien.

Die hohe Zeit der Insekten

Im späten Frühjahr und im Sommer ist die beste Zeit für Vögel, ihren Nachwuchs großzuziehen. Die Küken der meisten Gartenvogelarten werden mit eiweißreichen Raupen und anderen Wirbellosen gefüttert. Günstig für die Jungvögel sind natürlich auch die zu dieser Zeit des Jahres herrschenden höheren Temperaturen. Singvogeljunge schlüpfen nackt und blind aus dem Ei und müssen gewärmt und vor Kälte und Regen geschützt werden. Die Eltern müssen für ihren Nachwuchs, aber auch für sich selbst Nahrung finden. Bei üppigem Angebot an Insekten ist das kein Problem. Wird das Insektenangebot aber knapp, verfüttern die Altvögel die geringe Beute an ihre Jungen und fressen selber lieber anderes, vielleicht weniger nährstoffreiches Futter.

Festmahl im Herbst

Vor allem in Hecken und im Wald finden die Vögel im Herbst, wenn die meisten Strauch- und Baumsamen reif sind, ein reiches Nahrungsangebot. Bucheckern sind besonders beliebt, viele Vögel fressen aber auch die Samen von Nadelbäumen oder Erlen, die sie geschickt aus den Zapfen herausholen. Zahl-

Im Herbst bietet Efeu reichlich Nahrung – wie hier für ein Mönchsgrasmückenweibchen.

reiche Heckenpflanzen sind nun voll behangen mit Beeren und Früchten. Von vielen verwerten Vögel nur das süße Fruchtfleisch, wogegen die Samen, aus denen später neue Pflanzen wachsen können, unverdaut wieder ausgeschieden werden – häufig weit vom Ort des Verzehrs entfernt. Viele Pflanzen breiten sich auf diese Weise aus.

Im Nahrungsspektrum der Mönchsgrasmücke zum Beispiel wurden mehr als 60 verschiedene Beeren und Strauchfrüchte gefunden, unter diesen allerdings auch solche, die auf dem Zugweg oder im Winterquartier verzehrt werden und bei uns nicht vorkommen. Von besonderer Bedeutung als Vogelnahrung unter den Gartenpflanzen – nicht nur für die Mönchsgrasmücke – sind die Früchte von Holunder und Efeu. Da Efeu sehr spät im Jahr Beeren trägt, bietet er bis in den Spätwinter und das Frühjahr hinein noch Nahrung. Aber auch mit anderen Beerensträuchern kommen Sie bei der Vogelwelt gut an.

Winternahrung

Körner, Sämereien und Früchte stehen bis lange in den Winter zur Verfügung. Meist sind sie an vertrockneten Samenständen von Stauden und

Sträuchern auch bei Schneelage oder gefrorenem Boden zu erreichen. Schwieriger wird es für Vögel, die am Boden nach Futter suchen. Amseln beispielsweise durchstöbern dann dort, wo kein oder weniger Schnee liegt und der Boden vielleicht nicht gefroren ist, die Laubstreu unter Bäumen nach Fressbarem. Hier finden sie auch im Winter noch Würmer.

Mageres Frühjahr

Am wenigsten Futter ist im Spätwinter und zeitigen Frühjahr zu holen, wenn die Samen und Früchte des Vorjahres vertilgt sind und die Wirbellosenwelt noch nicht aus der Winterpause erwacht ist. Manche Arten wie Tannenmeisen oder Kleiber legen zur Überflusszeit Vorräte an Samen und Körnern an. Größere Vögel wie der Eichelhäher verstecken Nüsse und Eicheln, die sehr nährstoffreich sind. Da sie nicht alle ihre Vorräte im Laufe des Winters wiederfinden oder leeren, gehen manche der Samen auch an Stellen im Garten auf, wo Sie selbst nichts gesät haben.

Geringster und höchster Nahrungsbedarf

In einer britischen Studie wurde ausgewertet, wann Vögel an künstlichen Futterstellen am meisten und wann am wenigsten fressen. Das Ergebnis: Im Spätsommer und Anfang Herbst fressen Vögel an Futterstellen eindeutig am wenigsten. Jetzt deckt die Natur den Tisch viel üppiger, sowohl mit Insekten, Spinnen, Käfern und anderen Kleintieren als auch mit Sämereien, Beeren und Früchten. Überall finden Vögel unterschiedlichste Nahrung, die sie dem künstlich angebotenen Futter in der Regel vorziehen. Je nachdem, wo Ihre Futterstelle liegt – in der Innenstadt oder am Dorfrand – und wie naturnah die Umgebung Ihres Gartens ist, können Sie dieses Phänomen der verwaisten Futterhäuschen im Herbst selber beobachten.

Wenn Sie zu den Vogelfreunden gehören, die das ganze Jahr über Sämereien, Körner oder Insektennahrung an ihrer Futterstelle anbieten, werden Sie selber einen gewissen Jahresverlauf im Futtermittelverbrauch, das heißt also im Nahrungsbedarf Ihrer Gartenvögel nachvollziehen können. Nicht der Mittwinter ist die Zeit der größten Nahrungsknappheit in der Natur und damit des höchsten Nahrungsbedarfs am Futterhäuschen, sondern zum einen der Vorfrühling und zum andern der Juni. Zum beginnenden Frühjahr sind die Sämereien in der freien Landschaft aufgebraucht, es ist aber noch keine Nahrung nachgewachsen. Im Juni hingegen ist der Bedarf an Futter so groß, weil nun alle Zugvögel wieder in ihrem Brutgebiet sind und viele Arten jetzt ihre Jungen füttern.

Der Winter ist kalt – mit Aufplustern kann der Stieglitz die Wärme etwas länger halten, verbraucht aber dennoch viel Energie.

Ohne Energie läuft's nicht

Kalte Winter, Nachwuchs und neue Federn – um mit solchen Anforderungen klarzukommen, brauchen Vögel Energie. Über den Stoffwechsel gewinnen sie Energie aus der Nahrung, dabei ist aber nicht Futter gleich Futter, und Kalorienangaben können eher verwirrend sein.

Nahrung wird zu einem Großteil in Energie umgewandelt. Energie wird zum einen benötigt, um die Körpertemperatur und die Körperfunktionen aufrecht zu erhalten, zum anderen um sich zu bewegen. Aktiver Flug, also Fliegen durch Schlagen mit den Flügeln, ist beispielsweise eine sehr energieaufwändige Form der Bewegung.

Gartenvögel fressen so lange, bis sie satt sind oder gestört werden oder es zu dunkel wird zur Nahrungssuche. Sie müssen dabei ausreichend Nährstoffe aufnehmen, damit ihr Energiebedarf gedeckt werden kann und sie gesund bleiben.

Warmhalten

Im Winter wird die in der Nahrung steckende Energie hauptsächlich dazu genutzt, sich warm zu halten. Je nachdem, wie kalt es ist, benötigen die Vögel dafür mehr oder weniger Energie. Vor allem Kohlenhydrate (Stärke, Zucker) und Fette dienen zum „Heizen“. Über Nacht werden am Vortag angefressene Fettreserven verbraucht, so dass der ersten Nahrungsaufnahme am nächsten Morgen hohe Bedeutung zukommt. Weil im Winter weniger Zeit zur Nahrungssuche ist, die Tage sind schließlich viel kürzer, verhalten sich die Vögel nun generell still und sind weniger aktiv als in den Zeiten des Nahrungsüberflusses. Was für den Winter gilt, trifft auch in anderen Jahreszeiten zu: Bei kühler und nasser Witterung ist der Energieverbrauch in der Regel höher als bei günstigen Bedingungen.

Eiproduktion, Wachstum und Mauser

Zur Zeit der Eiproduktion benötigen Vogelweibchen sehr viel Energie, aber gerade auch bestimmte Mineralstoffe wie etwa Kalzium. In der Natur findet sich Kalzium beziehungsweise Kalk im Boden (Sandkörner), ebenso aber in Knochen verendeter Tiere, in Eierschalen und Schneckenhäusern, die von Vogelweibchen tatsächlich auch gefressen werden. Pflanzenteile wie Eichenknospen oder zahlreiche Sämereien enthalten Kalzium, desgleichen viele Insektenlarven, zum Beispiel Raupen, und andere Wirbellose. Solch kalziumreiches Futter wird auch an die Jungen verfüttert, denn diese brauchen es für das Wachstum und den Knochenaufbau.

Als Futter für die Jungen sind vor allem aber wachstumsfördernde Eiweiße (Proteine) unverzichtbar. Der Proteinbedarf wird bei fast allen Gartenvögeln hauptsächlich durch Insekten und andere Wirbellose gedeckt. Allerdings ist deren Proteingehalt sehr unterschiedlich, Würmer und Schnecken zum Beispiel sind sogar noch weniger proteinreich als viele Sämereien – kein Wunder, bestehen doch ihre Körper zu einem Großteil aus Wasser. Als eiweißreichste Nahrung gelten Raupen. Verglichen mit Raupen sind die meisten Sämereien arm an Proteinen.

Nach der Brutzeit folgt bei einem Großteil der Vogelarten die Gefiedermauser. Diese Erneuerung des Federkleides ist ebenfalls ein besonders energieaufwändiger Vorgang. Zugvögel müssen obendrein noch Reserven für die anstrengenden Wanderungen anlegen, die bei manchen Arten bereits im Sommer beginnen. Auch Vögel, die bei uns bleiben, fressen sich Fettvorräte an, damit sie für die kalte Jahreszeit besser gerüstet sind.

ENERGIELIEFERANTEN

Kohlenhydrate (zum Beispiel Zucker oder Stärke), Proteine und Fette liefern Energie. Ihr Energiegehalt wird in Kalorien gemessen.

Fette: Aus ihrer Verdauung bezieht der Körper mehr als doppelt so viel Energie wie aus derselben Menge Kohlenhydrate oder Eiweiße. Allerdings dauert der Abbau von Fetten auch am längsten. Fett können Tiere im Körper als Vorrat anlegen.

Eiweiße (Proteine): Über Proteine erhält der Körper Aminosäuren, die beim Wachstum und bei der Zellerneuerung eine wichtige Rolle spielen. Aminosäuren, die dafür nicht verwendet werden, baut der Köper ab und gewinnt daraus Energie, aber auch Bausteine für andere Stoffe.

Kohlenhydrate sind am schnellsten zu verwerten, das heißt, sie liefern rasch Energie. Besonders zucker- und stärkehaltig sind Früchte und Beeren.

Nährwertangaben

Mittlerweile werden häufig von Vogelfutterherstellern auch Angaben zum Nährstoffgehalt und Kalorienwert von Vogelfutter gemacht. Doch lassen Sie sich davon nicht allzu sehr beeinflussen. Das gibt zwar einen Anhalt, wie viel Energie aus diesem Futter gewonnen werden kann – doch welche Stoffe es sind, die diese Energie liefern, und wie viel davon für den Vogel verwertbar ist, kann man aus den alleinigen Kalorienwerten nicht erkennen.
Zum Verdeutlichen hier einige verbreitete Futtermittel im Vergleich:

- 100 g geschälte Sonnenblumenkerne enthalten 600 Kalorien. Sie bestehen etwa zur Hälfte aus Fett und einem Viertel aus Proteinen, rund 10 % sind Kohlenhydrate.
- 100 g Haferflocken liefern etwas mehr als 300 Kalorien, also nur halb so viel wie Sonnenblumenkerne. Haferflocken bestehen aber ungefähr zur Hälfte aus Kohlenhydraten, hauptsächlich Stärke, sie enthalten etwa 10 % Protein und nur 6,5 % Fett.
- 100 g Rosinen liefern ebenfalls etwa 300 Kalorien, sie enthalten jedoch zu drei Vierteln Kohlenhydrate in Form von Zucker und fast kein Eiweiß und Fett.

Wenig Aufwand, viel Energie

Vögel versuchen, mit so wenig Aufwand wie nötig möglichst viele der benötigten Nährstoffe und Energielieferanten aufzunehmen. Das Verhalten bei der Nahrungssuche ist größtenteils angeboren, das heißt, die Tiere wissen instinktiv, welche Nahrung sie suchen müssen. Viele lernen dabei aber auch

Die fettreichen Erdnüsse werden gerne gefressen, hier von Blaumeisen.

durch Abgucken von anderen Vögeln, neue Nahrungsquellen wie künstliche Futterstellen werden ausprobiert. Steht eine bestimmte, bevorzugte Nahrung nicht zur Verfügung, weichen sie auf anderes Futter aus. Umgekehrt heißt das: Das beste Futter wird zuerst gefressen, bis diese Quelle erschöpft ist.

Vor allem im Winter finden sich einige Gartenvögel, so etwa Meisen, auch an Säugetierkadavern, beispielsweise im Straßenverkehr getöteten Tieren, ein und picken an der Fettschicht unter der Haut. Die Säugetierkadaver sind für diese Vogelarten gewissermaßen das natürliche Äquivalent unserer Meisenknödel. Von den einen wie von den anderen nehmen viele Vogelarten kalorienreiche Fette auf.

Die Effekte der Fütterung sind nur sehr wenig erforscht.

Wie sinnvoll ist es, Gartenvögel zu füttern?

Schon seit langem wird in der Öffentlichkeit diskutiert, welchen Einfluss die Winterfütterung von Gartenvögeln auf die Vogelbestände tatsächlich hat und ob man die Vögel überhaupt füttern soll. Zunehmend rückt auch die Ganzjahresfütterung in den Fokus.

Zunächst einmal fällt auf, dass nur relativ wenige wissenschaftliche Erkenntnisse zu diesem Thema vorliegen. So ist unser Wissen beispielsweise über Feldvögel in vielen Fällen fundierter als über Gartenvögel. Zahlreiche Meinungen zum Thema Fütterung von Gartenvögeln sind eher „Bauchgefühl" als fachlich belegt. Die wenigen existierenden wissenschaftlichen Untersuchungen stammen vor allem aus Großbritannien und den USA. So befasst sich der British Trust for Ornithology (BTO, Britischer Ornithologenverband) bereits seit Jahrzehnten recht intensiv mit dem Thema Fütterung von Gartenvögeln. In Großbritannien, den USA, aber auch in Deutschland werden im Rahmen von Mitmachaktionen, sogenannten Citizen Science Projekten, Daten über die Vogelwelt in Gärten gesammelt: In Großbritannien ist das der „Big Garden Birdwatch" (www.rspb.org.uk/bgbw), durchgeführt von der Royal Society for the Protection of Birds (RSPB), in den USA der „Christmas Birdcount", durchgeführt von der Audubon Society, und in Deutschland veranstaltet der NABU (Naturschutzbund Deutschland) in Zusammenarbeit mit dem LBV (Landesbund für Vogelschutz in Bayern) die „Stunde der Wintervögel" im Januar sowie die „Stunde der Gartenvögel" im Mai (www.stunde-der-wintervoegel.de, www.stunde-der-gartenvoegel.de).

Wir wissen noch viel zu wenig

Während derartige Citizen Science Projekte einen guten Überblick über die Vogelwelt in unseren Gärten liefern, fehlen systematische, langfristige, experimentelle und nach hohen wissenschaftlichen Standards umgesetzte Forschungsprojekte weitgehend.

Im Zusammenhang mit der Fütterung von Gartenvögeln wurden in der Vergangenheit immer wieder eine Reihe von Fragen und Kritikpunkten aufgeworfen. Hierzu gehören:

- Beeinflusst die Fütterung von Gartenvögeln deren Überlebenswahrscheinlichkeit und Fortpflanzungserfolg?
- Überleben schwache und kranke Individuen durch Fütterung, verhindert dies womöglich eine natürliche Auslese und schädigt dies vielleicht sogar den Bestand?
- Welches Futter wirkt sich wie aus?
- Können Vögel das falsche Futter verfüttern und ihre Jungen damit schädigen? Können Jungvögel beispielsweise an Erdnüssen ersticken?
- Verändert sich durch Fütterung von Gartenvögeln die Konkurrenzsituation zwischen verschiedenen Arten und verändert sich hierdurch die Artenzusammensetzung?
- Werden Gartenvögel durch regelmäßige Fütterung abhängig von Futterstellen?
- Verbreiten sich durch Fütterung Vogelkrankheiten?
- Lenkt Vogelfütterung von den wirklichen Problemen im Natur- und Artenschutz ab?

Zu den meisten dieser Fragen gibt es verblüffend wenige Antworten. Wir gehen mittlerweile zwar davon aus, dass durch die Fütterung von Gartenvögeln die Überlebenschancen der Vögel steigen, höhere Überlebensraten im Winter bedeuten jedoch nicht automatisch auch einen höheren Bruterfolg oder mehr Vögel insgesamt.

Bessere Kondition, mehr Junge?

Vor einigen Jahren kam die Frage auf, ob Fettfutter für Vögel gut sei. Eine Untersuchung in Großbritannien hatte ergeben, dass die Jungen von Meisen, denen im Winter zuvor zusätzlich zur natürlichen Nahrung Fettfutter angeboten worden war, leichter und kleiner waren und eine geringere Überlebensrate aufwiesen als der Nachwuchs von nicht gefütterten Meisenpaaren. Auf die gesamte Population könnte dies einen negativen Effekt haben. Die Meisen dieser Studie lebten im Wald und wurden zwar über mehrere Jahre, aber immer nur im Winter gefüttert. Das Fett war für die Vögel vorhersagbar an zuverlässigen Stellen verfügbar, so dass sie hiervon wahrscheinlich einen Großteil ihres Energiebedarfs deckten und weniger natürlich vorkommende Nahrung suchten. Die Wissenschaftler vermuteten, dass ein zusätzliches Angebot von leicht zugänglichem Fettfutter das ganze Ernährungssystem verändern könnte, denn die natürliche Nahrung enthält ja noch ganz andere

In unterschiedlichen Studien profitierten Buntspechte von der Fettfutter-Fütterung, Meisen dagegen nicht.

Stoffe als nur Fett. Deshalb wurde ein weiterer Meisenbestand im Wald mit Fettfutter, das mit Vitamin E angereichert war, versorgt. Das Ergebnis war dasselbe wie beim Versuch ohne Vitamin E. Daraufhin rieten einige britische Zeitungen ihren Lesern davon ab, im Winter Fett zu verfüttern.

Buntspechte wiederum, denen bei einer anderen Untersuchung ebenfalls zusätzliches Fettfutter angeboten wurde – allerdings im Sommer – profitierten anscheinend davon.

Solche Erkenntnisse lassen sich jedoch nicht ohne weiteres auf den Lebensraum Garten übertragen. Gärten werden nämlich generell, was die natürlich vorkommende Nahrung betrifft, als „arm" angesehen. In Laubwäldern ist zum Beispiel das Angebot an Raupen im Sommer um ein Vielfaches höher. Aufgrund der Unterschiede im Nahrungsreichtum zwischen Wäldern und Gärten könnten bei einem winterlichen Fettfutterangebot in den „armen" Gärten die Ergebnisse womöglich ganz anders aussehen.

Eine weitere Studie hat ergeben, dass die Singvögel in städtischen Gebieten früher im Jahr Eier legen, dafür aber weniger, verglichen mit den Vögeln derselben Art in ländlichen Gegenden. Das Gewicht der Nestlinge und auch der Bruterfolg waren in der Stadt geringer. Ein zunächst verblüffendes Ergebnis. Die Zoologen vermuten, dass die Erklärung dafür in dem künstlich bereitgestellten Futter in den Städten zu suchen ist. Durch die Futtergaben kann sich die Kondition der Vögel im Winter verbessern. Der Zeitpunkt der Eiablage wird jedoch durch weitere Faktoren wie Licht und Temperatur bestimmt. Frühere Legezeiten in der Stadt hängen hauptsächlich vom dort herrschenden Mikroklima ab, das sich von dem in ländlichen Gegenden unterscheidet. Die gut genährten Vögel überleben den Winter leichter, so dass es im Frühling mehr von ihnen gibt. Höhere Dichten aber haben bei Vögeln häufig zur Folge, dass weniger Eier gelegt werden. Ein ganz natürlicher Regulationsmechanismus gegen Übervölkerung.

Die meisten Studien zu Gartenvögeln und Fütterung behandeln nur einen sehr kleinen Teil des vorkommenden Artenspektrums, und auch die Fragen zur Zusammensetzung des Futters sind längst nicht vollständig geklärt, zudem sind die Ergebnisse unterschiedlicher Studien nicht ohne Weiteres übertragbar auf andere Situationen. Kurz: Es sind noch viele Fragen offen.

Vorteile für den einzelnen?

Eine weitere Untersuchung, wiederum in den USA, beschäftigte sich mit der Fitness einzelner Vögel. Von gefütterten und nicht gefütterten Vögeln wurden über drei Jahre physiologische Daten erhoben, die auf ihre Gesundheit

Junge Blaumeisen – nehmen sie durch Fütterung Schaden?

und Kondition schließen lassen. Gefüttert wurde eine Mischung verschiedener Futtermittel das ganze Jahr über, die Daten wurden von verschiedenen Vogelarten gesammelt. Zehn Monate nach Einstellung der Fütterung wurde nochmals gemessen und die Daten mit und ohne Fütterung miteinander verglichen.

Soweit das Experiment. Und was war das Ergebnis?

Generell hatte sich mit der Fütterung die individuelle Gesundheit der Vögel verbessert. So waren zum Beispiel die Werte von Antioxidantien bei gefütterten Vögeln höher als bei nicht gefütterten Vögel, außerdem fanden sich bei gefütterten Vögeln geringere Mengen an Stresshormonen und ihre Federn wuchsen schneller. Bei einigen Arten ergaben die Daten auch eine verbesserte Kondition sowie ein gesünderes Immunsystem.

All diese Verbesserungen hielten aber nicht an, nachdem die Fütterung eingestellt war. Daraus lässt sich schließen, dass es wohl das Futterangebot war, das sich so günstig auf die Vögel ausgewirkt hatte – aber eben nur, solange es verfügbar war.

Einen Haken jedoch hatte die Sache: Weil Vögel sich an Futterstellen häufig in größerer Zahl treffen, konnten Krankheitserreger leicht weitergegeben werden und Krankheiten breiteten sich schneller aus.

Noch mehr Antworten

Immer noch sind einige Punkte unserer langen Liste an kritischen Fragen (Seite 28) offen. Lassen Sie uns auch hierzu nach sachlichen Antworten suchen:

Jungvögel nähmen durch falsches Futter Schaden, so wird jedenfalls immer wieder behauptet. Beispielsweise soll dies bei Blaumeisen der Fall sein, die ihre Jungen mit ganzen Erdnusskernen füttern. Es wird befürchtet, dass die Jungvögel daran ersticken. Dasselbe gilt für Haferflocken. Außer anekdotenhaften Beobachtungen liegen jedoch bislang keine stichhaltigen Untersuchungen dazu vor. Bis diese Frage ausreichend geklärt ist, sollten Vögel während der Brutzeit keine ganzen Erdnüsse oder Haferflocken von der Futterstelle wegtragen können.

Fütterung erhöhe die Überlebenswahrscheinlichkeit für kranke und schwache Individuen, so wird gesagt. Das mag womöglich stimmen. Die natürliche Auslese wird aber durch Zufütterung sehr wahrscheinlich nicht behindert, wodurch womöglich der Bestand geschädigt würde. Schließlich gibt es auch noch andere regulierende Faktoren. Zum Beispiel fallen schwache und kranke Vögel mit höherer Wahrscheinlichkeit beispielsweise einem Sperber zum Opfer oder erliegen einem Virus, Fütterung her oder hin.

Die Konkurrenzverhältnisse zwischen den Arten werden in der Natur unter anderem auch von der Nahrungsverfügbarkeit beeinflusst. Studien, beispielsweise an Kohl- und Blaumeisen, haben es gezeigt. Ob auch eine (Zu-) Fütterung in Gärten einzelnen Arten Vorteile gegenüber anderen verschaffen könnte, wie es zum Beispiel für Kohl- und Blaumeisen gegenüber Sumpf- und Weidenmeisen denkbar wäre oder für Buntspechte gegenüber Mittelspechten, ist bisher nicht belegt.

Das Artenspektrum verändert sich allerdings tatsächlich bei Fütterung in Gärten. Das stellte sich bei einem Citizen Science Projekt in den USA heraus. Dort eingewanderte Arten wie der bei uns heimische Haussperling und die Perlhalstaube *(Streptopelia chinensis)* aus Südostasien profitierten von Fütterungen und erhielten einen Konkurrenzvorteil gegenüber heimischen

Arten. In dieser Studie ging es speziell um den Grauschnäpper, der jedoch im Gegensatz zu den eingewanderten Arten, die sich hauptsächlich von Sämereien ernähren, ein reiner Insektenfresser ist.

Eine Abhängigkeit von Futterstellen ist bisher nicht bewiesen. Es gibt jedoch Anzeichen dafür, dass Gartenvögel, die regelmäßig gefüttert werden, weniger Körperfett als Vorrat anlagern, also schlanker bleiben und infolgedessen Beutegreifern wie beispielsweise einem Sperber leichter entkommen können. Wenn die Fütterung dann eingestellt wird, könnte dies zu Problemen führen, da die Vögel auf weniger körpereigene Fettreserven zurückgreifen können. Trotz regelmäßiger Fütterung verlieren Vögel aber nicht die Fähigkeit, natürlich vorkommende Nahrung zu finden. Untersuchungen ergaben auch, dass selbst Vögel, die ständig Zugang zu künstlichen Fütterungen haben, etwa drei Viertel ihrer Nahrung nicht hieraus beziehen. Sie sind also keineswegs auf Fütterungen angewiesen und können beim Ausbleiben von Futter ohne Weiteres anderswo Nahrung finden.

Ist Fütterung Natur- und Artenschutz? Gewiss nicht. Natur- und Artenschutz umfasst viel mehr als das. Und zweifellos besteht die Gefahr, dass durch die Fütterung von Gartenvögeln von den wirklichen Problemen im Natur- und Artenschutz abgelenkt wird und die falschen Prioritäten gesetzt werden. Gleichzeitig schafft Fütterung und Beobachtung von Gartenvögeln für die Menschen aber einen hervorragenden Zugang zur Natur und ist geeignet, ihnen Natur- und Artenschutzthemen näherzubringen. Hier sind die Natur- und Artenschutzverbände gefordert.

Forschungsbedarf

Hinsichtlich der Auswirkungen von Vogelfütterung auf Gartenvögel besteht noch immer sehr großer Forschungsbedarf. Nach wie vor gibt es erhebliche Wissenslücken bei Themen wie:

- Auswirkungen verschiedenen Futters im Jahresverlauf auf Häufigkeit, Verteilung, Konstitution, Überlebenswahrscheinlichkeit und Reproduktionserfolg bei Gartenvögeln
- Veränderung in Räuber-Beute-Beziehungen bei Fütterung von Gartenvögeln
- Veränderung in der Konkurrenzsituation zwischen verschiedenen Gartenvogelarten bei Fütterung
- Verbreitung von Krankheiten an Futterstellen

Mit einem natürlichen Nahrungsangebot können Sie auch besondere Gäste wie den Kernbeißer in Ihren Garten locken.

Ganzjahresfütterung

Während in der Vergangenheit die Fütterung von Gartenvögeln fast ausnahmslos mit der kalten Jahreszeit verbunden war, beginnen mehr und mehr Vogelfreunde, das ganze Jahr über Futter im Garten anzubieten. Unbestritten kann die Ernährungssituation für viele Gartenvogelarten im Mittwinter bei Schnee, Eis und tiefen Temperaturen besonders schwierig sein. Beispielsweise haben Amseln bei hoher Schneelage oftmals Schwierigkeiten, am Boden Nahrung zu finden. Aber auch zu anderen Jahreszeiten kann die Nahrung für Gartenvögel knapp werden. Dies ist der Fall im Spätwinter und Vorfrühling, wenn die meiste natürliche Nahrung aufgebraucht

FÜTTERN IST KEIN ERSATZ FÜR NATURGÄRTEN

Keine Frage: die Fütterung von Gartenvögeln ist kein Ersatz für einen naturfreundlichen Garten. Vögel brauchen mehr als nur Futter. In einem „Steingarten“ mit Kiesflächen auf Folie und zugepflastertem Hof werden die wenigsten Bedürfnisse der Gartenvögel gedeckt. Thuja-Hecken mögen dem einen oder anderen Vogel vielleicht ein gutes Versteck für sein Nest sein, Nahrung findet er hier fast gar nicht. Die Vögel müssen Teil eines natürlichen Lebensraumes bleiben und dürfen nicht von diesem losgelöst gesehen werden.

ist, also unmittelbar vor der Brutzeit und während der Eiproduktion der Weibchen. Und schließlich ist auch der Sommer, die Zeit der Jungenaufzucht und gerade flügge gewordener Jungvögel, eine Zeit mit hohem Nahrungsbedarf, insbesondere an Insekten.

Aus Sicht des Naturschutzes sollten Vögel als ein Teil der natürlichen Umwelt angesehen werden. Die Lebensfeindlichkeit eines Gartens mit dekorativen Kiesflächen, aber ohne bunte Blumen, der intensive Einsatz von Pestiziden und Düngemitteln und die Anpflanzung von ausschließlich exotischen Pflanzenarten kann nicht einfach durch das Aufstellen eines Futterhäuschens kompensiert werden.

In naturnahen Gärten sollten Sie auf Pestizide verzichten und möglichst einheimische Kräuter, Stauden und Sträucher, die Samen und Früchte bilden, pflanzen (Seite 74). So tragen Sie zum Erhalt der Artenvielfalt unter den Wirbellosen bei und bereichern zugleich das Nahrungsangebot für Vögel.

Eines steht fest: Gärten werden für viele Tierarten, nicht nur für Vögel, als Lebensräume immer wichtiger. Allerdings ist es nicht allein mit dem Aufstellen eines Futterhäuschens getan. Vogelfütterung kann niemals die Anlage eines naturnahen Gartens ersetzen. Gewiss, einige häufige Vogelarten werden von der Fütterung in Gärten profitieren, seltenen und gefährdeten Arten, denen oftmals die Beachtung im Natur- und Artenschutz gilt, kann man damit aber kaum helfen. Der Rückgang unserer biologischen Vielfalt ist durch Vogelfütterung nicht aufzuhalten. Und dennoch, richtig gemacht, unterstützen wir durch Vogelfütterung in Gärten einige Arten und schaden der Vogelwelt nicht. Vor allem aber ist ganz wichtig: Vögel zu füttern und zu beobachten macht Spaß und ist für viele Menschen ein wichtiger Kontakt zu unserer Natur.

Bei alledem besteht kein grundlegender Unterschied zwischen der Fütterung von Vögeln im Winter oder ganzjährig, das sei hier klar gesagt. Möchten Sie das ganze Jahr hindurch füttern, ist es aber wichtig, im Jahresverlauf teilweise verschiedenes Futter anzubieten. Das Futter sollte dem jeweiligen Nährstoffbedarf der Vögel in den unterschiedlichen Jahreszeiten möglichst angepasst sein.

FAZIT: FÜTTERN ODER NICHT FÜTTERN?

Vogelfütterung rettet nicht die Welt und ersetzt keinen Naturgarten, aber richtig gemacht schadet auch eine ganzjährige Fütterung den Vögeln nicht. Einige häufige Arten profitieren durchaus von Fütterung, vor allem aber macht Vogelfüttern einfach Freude!

Die lebhaften Stare bieten ein richtiges Unterhaltungsprogramm.

Vögel im Garten beobachten

Vögel im Garten lassen sich gut und einfach beobachten. Ob gutes oder schlechtes Wetter, ob Sommer oder Winter, ob bei der Gartenarbeit oder durch das Wohnzimmerfenster: Vogelbeobachtung schenkt ein Stück Lebensqualität.

Der Gesang einer Amsel zum Beginn des Frühjahrs, junge Meisen im (selbst gebauten) Nistkasten, eine bunte Vogelschar an der Futterstelle im Winter: Wenn Sie einen Garten haben, finden Sie rund ums Jahr Gelegenheit, interessante Einblicke ins Leben von Vögeln zu gewinnen.

Viele Menschen aber genießen nicht nur einfach das Beobachten von Vögeln, vielmehr werden sie auch neugierig und wollen ihr Wissen vertiefen. Beispielsweise lassen sich über Vogelbeobachtung im Garten Naturphänomene wie Vogelzug oder sogar Themen wie Klimawandel, der Auswirkungen auf das Zugverhalten von Vögeln haben kann, praktisch verfolgen. Eine Futterstelle zu beobachten kann auch richtig spannend sein, weiß man doch nie genau, wer als nächstes vorbeikommt. Neben Überraschungen aus der Vogelwelt lassen sich hier auch manchmal andere Tiere sehen, etwa Eichhörnchen oder Igel.

Beim Beobachten zusammen mit der Familie oder Freunden kommt noch eine soziale Komponente hinzu. Nicht zuletzt haben mehrere Studien gezeigt, dass sich das Füttern und Beobachten von Gartenvögeln positiv auf das Wohlbefinden von Menschen auswirkt – daher kann es nur in unserem Sinne sein, die Vogelbeobachtung gerade an Futterstellen zu fördern.

Welche Vögel finden sich in Gärten ein?

Welche Vögel sich tatsächlich in Ihrem Garten einfinden, hängt von ganz unterschiedlichen Faktoren ab. Besonders wichtig ist die weitere Umgebung. In einem Garten in der City einer Großstadt sind mit großer Wahrscheinlichkeit weniger Arten zu beobachten als in einem Garten am Ortsrand eines Dorfes, umgeben von Wiesen und Wald.
Die häufigsten in Gärten beobachteten Vogelarten werden seit Jahren über die zwei großen Aktionen von LBV und NABU, „Stunde der Wintervögel“ und „Stunde der Gartenvögel“ ermittelt. Bei diesen groß angelegten Mitmachaktionen werden Bürgerinnen und Bürger aufgerufen, an einem festgesetzten Wochenende eine Stunde lang die maximale Anzahl gleichzeitig anwesender Individuen jeder Vogelart, die in ihren Garten oder an die Futterstelle kommen, zu notieren und an die Verbände zu melden.

BEI MITMACHAKTIONEN AKTUELL AM HÄUFIGSTEN GEMELDETE GARTENVÖGEL

im Winter	im Sommer
Kohlmeise	Haussperling
Feldsperling	Amsel
Haussperling	Star
Amsel	Blaumeise
Blaumeise	Kohlmeise

Weitere häufige Arten, die bei den „Volkszählungen“ in den letzten Jahren auf den Rängen fünf bis zehn platziert waren, sind Erlenzeisig (Winter), Grünfink, Buchfink, Rotkehlchen, Mauersegler (Sommer), Mehlschwalbe (Sommer), Elster.

Grünfinken sind sehr aggressiv und oft in Interaktionen miteinander oder mit anderen Vogelarten zu beobachten.

Da fast alle Gartenvogelarten häufig sind, werden diese Arten auch im Rahmen des Monitorings häufiger Brutvögel (MhB) des Dachverbandes Deutscher Avifaunisten (DDA) erfasst. Viele ehrenamtliche Beobachter halten seit 1989 die Bestandsentwicklungen speziell der häufigen Brutvogelarten in Deutschland mithilfe standardisierter Methoden fest. Unter anderem sollen die Ergebnisse helfen, Fragen zur Bestandsentwicklung weit verbreiteter, häufiger Vogelarten beantworten zu können. Seit 2004 finden die Erfassungen auf bundesweit repräsentativen, 1 x 1 km großen Probeflächen statt, auf denen zwischen März und Juni vier Begehungen entlang einer rund 3 km langen Route durchgeführt werden. Die bei diesem Monitoring über die letzten Jahre als häufigste Brutvögel festgestellten Arten sind fast identisch mit den Ergebnissen der „Stunde der Gartenvögel“, im Unterschied dazu liegt bei diesen Erhebungen jedoch der Grünfink auf Platz vier.

Was Sie zum Beobachten brauchen

Neben einer Menge Neugier und auch etwas Zeit ist zur Vogelbeobachtung ein Fernglas sicher hilfreich – auch im Garten. Am besten hat man es am Fenster zum Garten und zur Futterstelle gleich griffbereit, daneben womöglich noch ein Bestimmungsbuch und die eigene Vogelliste. Probieren Sie es selbst aus und notieren Sie jede neue Art, die Sie in Ihrem Garten sehen. Wenn Sie wollen, können Sie hierbei auch überfliegende Vögel zählen, wie zum Beispiel Mäusebussard, Turmfalke oder Graureiher, die höchstwahrscheinlich nicht im Hausgarten landen werden. Auch überraschende Besucher kann es zu jeder Jahreszeit geben, vor allem aber während der Zugzeiten im Frühjahr und im Herbst.

Was Sie im Garten beobachten können

- Singende Vögel (z. B. Amsel, Buchfink, Rotkehlchen, Mönchsgrasmücke)
- Ankunft von Zugvögeln (z. B. Schwalben, Grauschnäpper, Mauersegler)
- Balzende Vögel (z. B. Tauben, Amseln)
- Nestbau, Eintrag von Nistmaterial in Kästen (z. B. Amsel, Haussperling)
- Nahrungssuche (z. B. Amsel, Heckenbraunelle, Meisen, Spechte)
- Altvögel, die mit Futter im Schnabel zum Nest fliegen (z. B. Meisen, Spechte, Schwalben)
- Ausfliegende und bettelnde Jungvögel (z. B. Amsel, Hausrotschwanz, Meisen)
- Wegzug der Zugvögel (z. B. Schwalben)
- Verschiedene Arten im Jahresverlauf (z. B. Rotkehlchen im Winter)
- Verhalten an der Futterstelle (z. B. Meisen, Grünfink)

VOGELJUNGE

Viele Singvogeljunge können noch nicht richtig fliegen, wenn sie das Nest verlassen, und werden noch einige Tage von den Eltern gefüttert. Durch Bettelrufe verraten sie ihren Standort, häufig am Boden. Bitte lassen Sie diese Vogeljungen sitzen oder setzen Sie sie höchstens in dichtere Vegetation um, wo sie vor Katzen geschützt sind. Ihre Eltern sind nicht weit und kümmern sich um ihren Nachwuchs!

Rangordnung am Futterhaus

Je länger Sie Ihre Futterstelle beobachten, umso mehr Einblicke erhalten Sie in das Verhalten einzelner Arten oder sogar Vogelindividuen. Blaumeisen zum Beispiel fliegen an, nehmen einen Kern und sind schnell wieder weg. Grünfinken stattdessen „machen sich breit" und fressen an der Futterstelle einen Kern nach dem anderen. Manche Arten sind dominanter als andere und verjagen diese. Notieren Sie einfach mithilfe von Abkürzungen, welche Arten an die Fütterung kommen, welche sogleich abfliegen. Das kann vielleicht so aussehen: Kohlmeise kommt, Tannenmeise geht (KM -> TM) oder: Grünfink kommt, Kohlmeise geht (GF -> KM).
Auch unter Artgenossen kann es eine Rangordnung geben. Wenn Sie genau hinschauen, können Sie oft Individuen an bestimmten Merkmalen wiedererkennen, etwa die Breite des schwarzen Bruststreifens bei Kohlmeisen.

Gartenvögel füttern – die Praxis

Morgens verkünden die Männchen zunächst einmal, wo ihr Revier ist.

Wie Vögel ihre Zeit verbringen

An manchen Tagen oder zu manchen Tagesstunden bleibt die Futterstelle verwaist, zu anderen Zeiten herrscht reger Betrieb im Garten. Sicher haben Sie dieses Phänomen auch schon beobachtet und sich gefragt, woran das wohl liegen könnte.

Was machen eigentlich die Vögel den ganzen Tag und wo sind „Ihre" Vögel, wenn sie nicht in Ihrem Garten sitzen? Die Fähigkeit zu fliegen macht Vögel sehr mobil und wir können ihnen nicht immer folgen. Gewisse Regelmäßigkeiten im Tages- und Jahresrhythmus der Vögel geben uns aber eine Vorstellung, womit sie beschäftigt sind, wenn wir sie gerade einmal nicht sehen können.

Der Vogel-Tag

Tatsächlich ist der Tagesablauf der Vögel durch einen bestimmten Rhythmus geregelt. Je nach Jahreszeit wird vor allem am Morgen, häufig noch

Mittags stehen Ruhezeiten mit Gefiederpflege auf dem Tagesplan – wie bei dieser Ringeltaube.

bevor es zur Nahrungssuche hell genug ist, erst einmal gesungen. Mit ihrem Gesang verkünden die Männchen „Hallo, hier bin ich! Das hier ist mein Revier." Die meisten unserer Gartenvögel verteidigen zur Brutzeit Reviere mit mehr oder weniger festen Grenzen, in denen ihr Nest liegt und wo sie nach Nahrung suchen. Der Gesang dient aber auch dazu, Weibchen auf sich aufmerksam zu machen.

Nach Sonnenaufgang und am Vormittag geht es dann auf die Suche nach Nahrung. Im Winter sind die Reviergrenzen lange aufgehoben und Vögel ziehen bei der Nahrungssuche, häufig in kleinen Trupps, oft weit umher. Dabei besuchen sie auch verschiedene Gärten, in denen sie Futter finden könnten.

Zur Mittagszeit wird gerastet, Baden und Putzen stehen nun auf dem Programm.

Der Nachmittag ist dann wieder der Nahrungssuche gewidmet, bis es in der Dämmerung Richtung Schlafplatz geht. In den Wochen der Jungenaufzucht nutzen Vogeleltern so viel Zeit wie möglich der lichten Tagesstunden, um Futter für den Nachwuchs zu finden und die Nestlinge zu versorgen.

Jeder macht's auf seine Art

Unterschiedliche Vogelarten können zu verschiedenen Zeiten aktiv sein. Rotkehlchen zum Beispiel zählen zu den Frühaufstehern, deren Gesang oft noch bei Dunkelheit vor Sonnenaufgang zu hören ist. Auch Amseln sind

Der Frühling ist da – und mit ihm der Fitis.

sehr früh bis sehr spät unterwegs. Morgens ist ihr flötender Gesang zu hören, in der Abenddämmerung künden ihre zeternden Rufe vom Anflug zum Schlafplatz. Stare hingegen besetzen ihre Schlafplätze noch bei Tageslicht.

WENN DIE NACHT ZUM TAGE WIRD

Der arteigene, von Licht ausgelöste Aktivitätsrhythmus der Vögel kommt bisweilen in Städten durch die Unmenge an künstlichem Licht durcheinander. Gelegentlich hört man Rotkehlchen, Hausrotschwanz oder Amseln sogar noch nachts bei Kunstlicht singen.

Die Nahrungssuche findet bei den meisten Arten in mehreren Runden statt, zwischen denen geruht, gebadet oder gesonnt wird. Außerhalb der Brutzeit verbringen Vögel etwa ein Sechstel des Tages mit Ausruhen, zwei Drittel mit der Suche nach Nahrung.

Zur Brutzeit sieht die Lage anders aus, dann steht die Versorgung von Eiern und Nachwuchs im Vordergrund und hält die Vögel auf Trab. Zumindest die kleinen Singvogelarten sind nun fast den gesamten Tag mit der Futtersuche für ihre Jungen beschäftigt.

Im Winter ist dann das eigene Überleben von höchster Bedeutung und Futtersuche noch wichtiger. Im Unterschied zum übrigen Jahr wenden die Vögel im Winter im Vergleich zu anderen Beschäftigungen mehr Zeit zur Futtersuche auf.

Solch zeitliche Muster, die mehr oder weniger vorhersagbar sind, können Sie im eigenen Garten leicht beobachten, vor allem an Futterstellen. Findet sich zum Beispiel ein Trupp Blaumeisen im Winter am einen Tag morgens um elf an der Futterstelle ein, ist die Wahrscheinlichkeit groß, die Vögel am nächsten Tag etwa zur selben Zeit dort wieder beobachten zu können – vorausgesetzt, Futter ist vorhanden. Es kann aber auch passieren, dass nach einigen Tagen die Vögel gar nicht mehr kommen, vielleicht, weil sie anderswo eine bessere Nahrungsquelle gefunden haben.

Rund ums Jahr im Vogelgarten

Vor allem die Ankunft von Zugvögeln wie Fitis, Hausrotschwanz und Mauersegler verändert das Artenspektrum in den Gärten ab dem Frühjahr. Zudem fliegen die Wintergäste, etwa Bergfink, Rotdrossel oder Seidenschwanz, zurück in ihre nördlicher gelegenen Brutgebiete.

Frühjahr und Sommer

Mit Beginn der Brutzeit ab März verteidigen die meisten Vögel Reviere. Da sie nun nicht mehr mit vielen Artgenossen in enger Nachbarschaft oder sogar kleinen Trupps leben, verteilen sich die Vögel auf mehr Fläche. Wie nahe beieinander Vögel derselben oder auch unterschiedlicher Arten brüten, hängt insbesondere vom Nahrungsangebot, aber auch von den Nistmöglichkeiten ab.

Vor allem im Sommer haben Hitze und Trockenheit, aber auch Regen Einfluss auf Verhalten und Nahrungsverfügbarkeit. Bei Trockenheit etwa haben es Amseln schwer, Regenwürmer zu finden, die sich dann in tiefere Erdschichten zurückziehen. Im Gegensatz dazu profitieren Vogelarten, die Fluginsekten fressen, von warmer Luft, denn dann sind zahllose kleine Flieger unterwegs. Schwere Regenfälle wiederum bringen zwar Regenwürmer und Schnecken ans Licht, dafür aber werden viele Insekten und deren Larven von den Blättern der Büsche und Bäume gespült, und Meisen beispielsweise müssen Nahrung für ihre Jungen anderswo finden.

Abgesehen davon, dass nasses, kaltes Wetter insgesamt für viele Nestlinge verheerend ist, da diese noch kein wärmendes Federkleid tragen, müssen nun die Vogeleltern noch mehr Zeit mit der Futtersuche verbringen, Zeit, in der sie ihren Nachwuchs nicht warmhalten können.

Bald nach der Brut mausern viele Vögel, das heißt, alte Federn werden durch neu wachsende ersetzt. Deshalb ist es nun meist sehr still und kein Gesang zu hören. Die Vögel sind nämlich in ihrer Flugfähigkeit eingeschränkt und versuchen, möglichst wenig auf sich aufmerksam zu machen, um Gefahren durch Fressfeinde zu entgehen.

Herbst und Winter

Im Spätsommer ziehen viele Vögel aus den Gärten zur Nahrungssuche in die Wald- und Feldflur. Sämereien, Beeren und Früchte sind an Sträuchern und Bäumen dort jetzt im Übermaß vorhanden. Im Grunde sind die Vögel nun überall zu finden, wo es etwas zu fressen gibt. Zugvögel futtern sich Vorräte für die lange Reise an, Vögel, die nicht wegziehen, legen Reserven für die kalte Jahreszeit an.

Bereits ab August findet der Wegzug der Zugvögel statt. Die Mauersegler sind die ersten, die sich nach Afrika aufmachen. Bald folgen Arten, die weniger weit ziehen, wie Zilpzalpe, Stare und Grasmücken. Im Gegensatz zum Frühjahr, wenn die meisten Zugvögel innerhalb weniger Tage im Brutgebiet ankommen, verteilt sich die Hauptzugzeit im Herbst über einen Zeitraum von mehreren Wochen. Daher ist der Herbstzug bei Gartenvögeln sehr viel weniger auffällig.

Im Laufe des Winters schließlich wird die Nahrung knapper. Dann kommen die Vögel vermehrt wieder in Gärten, wo sie an Fütterungen leicht etwas zu fressen finden. Unter die häufigen Gartenvögel mischen sich auch wieder solche Arten, die nicht in Gärten brüten, zum Beispiel Erlenzeisige, Goldammern oder Wacholderdrosseln.

Im Winter kommen gelegentlich auch neue Gäste wie die Wacholderdrossel in den Garten.

Lieblingskörner

So vielfältig wie die Samen der Pflanzen in Wald und Flur sind auch die Vorlieben der Körnerfresser unter den Vögeln – und das Angebot der Vogelfutterindustrie. Nicht leicht, den richtigen Geschmack zu treffen.

Wenn Sie Ihre Vögel im Garten füttern möchten und dafür einkaufen gehen, stehen Sie in Gartencentern oder Tierfutter-Shops gewöhnlich vor einer großen Auswahl an Körnerfutter. Sie haben die Wahl zwischen sortenreinen Sämereien und Futtermischungen aller Art. Welche sind nun die richtigen speziell für die Vögel in Ihrem Garten?

Wonach Vögel ihre Wahl treffen

In Großbritannien hat der BTO Gartenbesitzer aufgefordert zu beobachten, welches Futter am liebsten von Stieglitzen gefressen wurde, und diese Beobachtungen zu melden. 2016 wurden die Ergebnisse dieser Citizen Science Studie veröffentlicht. Demnach bevorzugen Stieglitze offenbar geschälte Sonnenblumenkerne, gefolgt von Distelsamen (Nyjersamen). Natürlicherweise in Gärten vorkommende Sämereien standen dann schon an dritter Stelle der Beliebtheitsskala. Erst danach folgten andere Körner aus Fütterungen.

In einer anderen Citizen Science Aktion (USA und Kanada), die über mehrere Jahre und über alle dort vorkommenden Vogelarten durchgeführt wurde, untersuchte man die verschiedenen Faktoren, die bei den Vögeln letztlich zur Wahl der Samen führen. Ausschlaggebend sind zum einen die Eigenschaft der Samen, etwa ob sie eine äußere Schale tragen (zum Beispiel Sonnenblumenkerne), zum anderen der Proteingehalt der Samen und nicht zuletzt das Verhältnis der Größe des Vogelschnabels zur Samengröße. Das Ergebnis dieser Studie war, dass der Proteingehalt der wichtigste Faktor ist, der Fettgehalt schien schon weniger relevant zu sein.

Aber auch das Verhalten einzelner Vogelarten oder gar Individuen spielte eine Rolle bei der Futterwahl. Obgleich proteinarm, wurden Hirsesamen zum Beispiel von Tauben häufiger aufgenommen als Samen mit höherem Proteingehalt. Andere Arten fraßen am liebsten die fettreichsten Samen, in

AM BESTEN SELBER BEOBACHTEN

Eine Kombination aus Verhalten bei der Nahrungsaufnahme und Sameneigenschaften bestimmt also die Wahl des Futters. Natürlich können die Vögel nicht anhand von Zahlen bewerten, welches Korn mehr Protein oder Fett enthält. Zum einen wissen sie aber instinktiv, welche Arten von Sämereien für sie die richtigen sind, zum anderen können sie sehr schnell aus Erfahrung und durch Abgucken von Artgenossen lernen, was sich zu fressen lohnt.

diesem Fall schwarze Sonnenblumenkerne mit Schale und Erdnüsse (beide über 40 % Fettgehalt). Diese Vogelarten tragen das Futter jedoch von der Futterstelle weg und fressen anderswo oder legen Vorräte an. Möglicherweise gleicht dann der hohe Fettgehalt den Energieverbrauch beim Abtransport aus. Bei geschälten Sonnenblumenkernen wäre der relative Fettgehalt, bezogen auf das Gewicht, sogar noch etwas höher. Erstaunlicherweise bevorzugten Vogelarten, die Vorräte anlegen, jedoch Sonnenblumenkerne in der Schale, vermutlich, da diese im Vorratsversteck länger haltbar sind als die geschälten Samen. Für diesen Vorteil nehmen es die Tiere offenbar in Kauf, für das Entfernen der Schale zusätzlich Energie und Zeit aufwenden zu müssen. Hinzu kam noch, dass in den meisten Fällen größere Samen der gleichen Sorte bevorzugt wurden.

In anderen Untersuchungen zum Thema Futterauswahl fand man heraus, dass Vögel versuchten, solche Samen zu fressen, die sie am schnellsten verdauen konnten, unabhängig von deren Nährstoffzusammensetzung. Und: Je kleiner der Vogel war, umso nahrhaftere Samen wurden gefressen, unabhängig von der systematischen Familienzugehörigkeit des Vogels. Auch hier ließ sich ein Zusammenhang zwischen der Größe der gefressenen Samen und der Schnabelgröße sowie auch der Körpergröße herstellen.

Auf Seite 62 haben wir eine grobe Übersicht zusammengestellt, welche Vögel an welchem Futter zu erwarten sind.

Welches Futter „Ihre“ Vögel am liebsten fressen, bekommen Sie am besten durch häufiges Beobachten heraus, denn selbst Individuen haben manchmal ihre Lieblingskörner.

Körner und Sämereien

Fast alle Pflanzen vermehren sich durch Samen, aus denen unter den richtigen Bedingungen neue Pflanzen wachsen. Samen werden im Überfluss pro-

Stieglitze bevorzugen geschälte Sonnenblumenkerne, aber auch Distelsamen, ihre natürliche Nahrung.

Sonnenblumenkerne sind bei vielen Vogelarten beliebt.

duziert, denn nicht alle Samen gehen auf. In den Samen sind Nährstoffe zum Keimen und für den jungen Spross gespeichert. Sie kennen sicher das Beispiel der Eichel oder Bohne: Holt man eine Eichel oder Bohne aus ihrer Schale, zerfällt der Samen gewöhnlich in zwei Hälften, zwischen denen der kleine Spross liegt. Lässt man den Spross wachsen, hängen zwischen Wurzeln und Stängel der jungen Pflanze bald nur noch die ausgezehrten Kernhälften.

Unterschiedliche Samen enthalten unterschiedliche Gehalte an Fett, Protein, Kohlenhydraten und anderen Stoffen wie Vitaminen. In der Natur finden Vögel ungleich mehr Sämereien und Körner als im Futterhandel angeboten werden. Die wichtigsten Futtermittel stellen wir Ihnen hier kurz vor.

Sonnenblumenkerne sind *das* klassische Wildvogelfutter. Sie zählen zusammen mit Nüssen zu den fett- und proteinreichsten Sämereien. Sonnenblumenkerne werden mit Schale und auch bereits geschält angeboten, schwarz, weiß oder gestreift. Die Schale von schwarzen Sonnenblumenkernen ist härter als die von gestreiften und weißen. Bereits geschälte Sonnenblumenkerne müssen die Vögel nicht selbst aufwändig knacken, außerdem fallen keine Schalenhüllen als Abfall unter der Futterstelle an. Gehackte

Sonnenblumenkerne werden auch von Vögeln mit feineren Schnäbeln gefressen.

Fettfutterkuchen gibt es auch mit Insektenlarven.

Erdnüsse werden in großen Mengen produziert und sind günstiger als andere Nüsse. Als Vogelfutter wird häufig Ware, die nicht der Handelsnorm für den menschlichen Verzehr entspricht, verwendet. Sie sind als ganze Nüsse mit oder ohne Haut, gehackt oder als Bruch sowie gemahlen erhältlich.

Distelsamen ergänzen seit einiger Zeit das Sortiment der feineren Samen. Im Angebot sind fast überall die Niger oder Nyjer genannten Samen des Ramtillkrauts (*Guizotia abyssinica*), aber auch andere Distelsamen, zum Beispiel von der Mariendistel (*Silybum marianum*). Unter Kardisaat versteht man die Samen der Färberdistel (auch Saflor oder Safflower, *Carthamus tinctorius*), deren Blüten schon seit Jahrhunderten zur Herstellung von roter und gelber Farbe genutzt werden.

Hirsesamen sind Bestandteil vieler Vogelfuttermischungen. Als „Hirse" bezeichnet man die Samen einer Gruppe kleinfrüchtiger Gräser, die in Sorghumhirse mit etwas größeren Körnern und Millethirse mit feinen Körnern unterteilt wird. In der Zusammensetzung von Futtermischungen tauchen sie oft als Milo, Dari oder Millet auf, wobei es verschiedene Sorten und Farben gibt. Hirse enthält viel Stärke, etwa 10 % Protein und nur sehr wenig Fett.

Getreide wie Weizen, Hafer (als Flocken) oder auch getrockneter Mais (als Flocken oder Bruch) ist in vielen Futtermischungen für Wildvögel enthalten. Sie sind ebenfalls sehr stärkehaltig, enthalten aber sehr wenig Protein und Fett.

Fettfutter

Fett ist besonders im Winter ein wichtiger Nährstoff für Vögel, denn aus der Verwertung von Fetten erhält der Organismus die meiste Energie. Außer in Sämereien wird Fett von Futterherstellern als Hauptbestandteil in verschiedenen Formen angeboten, von größeren Blöcken (Fettfutterkuchen) bis hin zu gepressten Pellets. In das Fett werden meistens noch andere Futtermittel gemischt, zum Beispiel Erdnussmehl, Körnerbruch und feinere Sämereien, Rosinen und getrocknete Insekten(larven).

SCHNABELFORMEN UND FUTTERVORLIEBEN

Der Zaunkönig mit seinem feinen Schnabel ist ein Insektenfresser.

Das Rotkehlchen frisst Insekten und Spinnen, aber auch feine Sämereien und Erdnussbruch.

Die Kohlmeise hat ein großes Futterspektrum von Insekten über Fettfutter bis zu Sonnenblumenkernen und Nüssen.

Mit seinem kräftigeren Schnabel kann der Feldsperling von Insekten über Nüsse bis Getreidekörner verschiedenes Futter aufnehmen.

Der Stieglitz ist ein Körnerspezialist und pickt feine Sämereien aus reifen Samenständen, frisst aber auch geschälte Sonnenblumenkerne.

Der Kernbeißer mit seinem außerordentlich kräftigen Schnabel frisst vor allem Samen und Nüsse. Er kann sogar Kirschkerne knacken.

Weichfutter

Der Begriff Weichfutter ist etwas irreführend, denn als Weichfutterfresser werden Vögel bezeichnet, die keine harten Körner fressen, weil ihre für Insektennahrung gebauten Schnäbel dafür viel zu fein sind. Sie fressen aber auch Früchte und kleine Sämereien.

In Weichfuttermischungen findet man häufig Fettfutter, etwa in Form von kleinen Pellets, geschälte und gehackte Sonnenblumenkerne und Erdnüsse, Haferflocken und Trockenfrüchte wie Rosinen. Sogenanntes Premium- oder De-luxe-Futter wird zusätzlich mit getrockneten, zum Teil zerkleinerten Insekten wie Wasserflöhen oder Larven, zum Beispiel Mehlwürmern, angereichert.

Mehlwürmer lassen sich auch selber züchten. Ein Leckerbissen für viele Arten, hier für den Kleiber.

Lebendfutter

Besonders zur Brutzeit benötigen Vögel proteinreiche Nahrung, hauptsächlich für ihre Jungen. Hohe Proteingehalte finden sich vor allem in Raupen und anderen Insektenlarven. Auch hierzu hat sich die Vogelfutterindustrie etwas einfallen lassen.

So sehr wir Vögel auch mögen: Im eigenen Zuhause Mehlwürmer zu züchten, um sie zu verfüttern, ist für viele sicher keine sehr reizvolle Vorstellung. Zum Glück nimmt es uns die Futtermittelindustrie ab. In großem Maßstab werden hier speziell für Vögel Insektenlarven gezüchtet, die beispielsweise auch als Futter für Reptilien Verwendung finden.

Mehlwürmer sind das gängigste Lebendfutter. Entgegen ihres Namens handelt es sich dabei gar nicht um Würmer, sondern um die Larven des Mehlkäfers (*Tenebrio molitor*). Dieser bis 18 mm lange, schwarze Käfer kommt häufig in der Nähe des Menschen vor, wo er sich von stärkehaltigen Produkten von Getreide bis Backwaren ernährt. Die Entwicklungszeit seiner Larven beträgt mehrere Monate bis zwei Jahre, abhängig von Temperatur und Nahrungsverfügbarkeit. Mehlwürmer lassen sich leicht züchten und bei Fütterung recht lange halten. Bei niedrigen Temperaturen von 5–10 °C verlangsamen sie ihren Stoffwechsel und kommen längere Zeit ohne Nahrung aus.

Sie brauchen aber immer noch Sauerstoff, also nicht in luftdichten Gefäßen aufbewahren!

Im Handel sind Mehlwürmer sowohl lebendig als auch gefriergetrocknet oder getrocknet erhältlich. Getrocknete Mehlwürmer gibt es auch angereichert mit Öl, wodurch der sehr geringe Fettgehalt dieses Futters angehoben wird.

Buffalo-Würmer ist die Bezeichnung für die Larven des Matten Getreideschimmel-Schwarzkäfers (*Alphitobius laevigatus*), eines weiteren Kulturfolgers, dessen Larven sich von stärkehaltigen Substanzen ernähren. Buffalo-Würmer haben eine weniger harte Chitinhülle als Mehlwürmer.

Wachsmaden werden die Raupen der Großen Wachsmotte (*Galleria mellonella*), einer kleinen Nachtfalterart, genannt. Im Gegensatz zu Käferlarven, deren Körper von einer starren Chitinhülle umgeben ist, enthalten Raupen sehr wenige harte Teile und eignen sich besser zur Jungenaufzucht. Wachsmaden lassen sich ohne Futter ebenfalls mehrere Wochen halten, bei Temperaturen von 14–18 °C. Bei höheren Temperaturen entwickeln sie sich schneller. Nach maximal sechs Monaten verpuppen sie sich, bis nach höchstens weiteren drei Monaten der Kleinschmetterling schlüpft.

Regenwürmer sind mittlerweile ebenfalls auf dem Vogelfuttermarkt angekommen, und zwar als Mischung verschiedener Arten oder als Auswahl besonders großer Exemplare speziell für Drosseln. Bei kühler Lagerung bleiben sie mehrere Wochen lebendig.

Noch viele andere Wirbellose hält der Markt in getrockneter Form als Futtermittel bereit, darunter Wasserflöhe (Daphnien), Wasserfliegen (Sialidae) und Bachflohkrebse (*Gammarus fossarum*) sowie Larven diverser weiterer Insektenarten.

Generell, aber vor allem bei so viel Betrieb am Futterhaus, ist es wichtig, dieses regelmäßig zu reinigen.

Ein paar Worte zur Hygiene

Wer Vögel füttert, muss auch dafür sorgen, dass sie durch die gutgemeinte Zuwendung keinen Schaden nehmen und die Ausbreitung von Krankheitskeimen minimiert wird. Also ran an den Schwamm und Futterstellen regelmäßig reinigen!

Nach einer gewissen Zeit des Fütterns werden Sie wissen, welche und wie viele Vögel an Ihre Futterstelle kommen. Das ist besonders wichtig, damit Sie in Ihrem Futterhäuschen täglich nur so viel anbieten, wie auch an einem Tag weggefressen wird. Übrig gebliebenes Futter kann möglicherweise verderben und ist dann für die Vögel schädlich. Futter in Silos hält sich länger, immer vorausgesetzt, es bleibt trocken (Seite 70).

INFEKTIONSKRANKHEITEN BEI GARTENVÖGELN

Erkrankungen durch Bakterien wie *Salmonella typhimurium* und *Escherichia coli*; **Symptome:** Durchfall und Schwäche; **Achtung:** Bakterien können auch auf Menschen übertragen werden.

Trichomonadose, ausgelöst durch den Einzeller *Trichomonas gallinae*; **Symptome:** verklebter Schnabel, Lethargie, Vögel sind kurzatmig und aufgeplustert; bekannt bei Tauben, Hühnern und Greifvögeln, unter den Gartenvögeln vor allem bei Grünfinken, aber auch Buchfinken, Kernbeißern, Gimpeln und Stieglitzen.

Usutu-Virus, durch Stechmücken übertragen; **Symptome** wenig spezifisch, unter anderem Apathie, Bewegungsstörungen, unnatürliche Kopfhaltung; betroffen sind hauptsächlich Amseln. **Achtung:** Das Virus kann auch auf Menschen übertragen werden und (gewöhnlich geringe) Krankheitszeichen wie Kopfschmerzen, Fieber oder Hautausschläge hervorrufen. Bei toten Amseln ist daher äußerste Vorsicht geboten! Erreger wie Salmonellen, Colibakterien und Trichomonaden werden unter den Vögeln häufig durch mit Kot verunreinigtes Futter oder mit Speichel versetztes Wasser übertragen.

Bei Feuchtigkeit kann Futter, vor allem Körner ohne feste Schale, leicht Schimmel ansetzen. Gegen Regen und Schnee helfen, je nach Bauart der Futtereinrichtung, weit überstehende Dächer. Doch auch eine überdachte Futtereinrichtung sollten Sie unbedingt regelmäßig reinigen. An Futterstellen kommen viele Vögel zusammen, und Krankheitserreger können hier leicht weitergegeben werden.

Bitte beachten Sie daher einige **wichtige Regeln zur Hygiene**:

- Verwenden Sie möglichst Futtereinrichtungen, bei denen die Vögel nicht direkt im Futter sitzen können, zum Beispiel Futtersilos und -säulen. Manche Vogelarten bevorzugen offene Futtertische oder -häuschen. Von diesen Futterflächen sollten Sie täglich Futterreste und Kot entfernen und sie am besten einmal pro Woche mit kochend heißem Wasser reinigen. Gut trocknen lassen, bevor Sie wieder Futter auffüllen. Bei Futtersilos reicht eine Reinigung nach Bedarf.
- Hygiene ist zur warmen Jahreszeit besonders wichtig, da sich einige Krankeitserreger, zum Beispiel Trichomonaden (Grünfinkensterben!),

dann länger halten als in der Kälte. Von den Trichomonaden weiß man, dass sie im Sommer bis zu 24 Stunden infektiös bleiben.

- Futterstellen am Boden richten Sie am besten abwechselnd an verschiedenen Stellen im Garten ein.
- Falls Sie dennoch tote Vögel finden sollten, bitte die Fütterung sofort einstellen!
- Tote Vögel bitte nur mit Hygienehandschuhen einsammeln und in verschlossener Plastiktüte im Restmüll entsorgen. Danach alle Futtereinrichtungen gründlich reinigen und erst nach mindestens 1 Woche wieder mit der Fütterung beginnen.

Zuletzt noch ein Hinweis zu Ihrem eigenen Schutz:

- Weil Krankheitserreger wie Salmonellen und Colibakterien auch dem Menschen gefährlich werden können, sollten Sie sämtliche Reinigungsarbeiten nur mit Gummihandschuhen ausführen.

TAUBEN FÜTTERN VERBOTEN?

An Balkonen und Fenstern dürfen Tauben gemäß der meisten Hausordnungen oder Mietverträge nicht gefüttert werden. Bei Fütterungen speziell am Balkon müssen Sie dann versuchen, Tauben den Zugang zu erschweren, zum Beispiel durch die Wahl der Bauart einer Futtereinrichtung, die nur für kleinere Vögel zugänglich ist. Denn leider sind im Kot von Tauben Krankheitserreger zu finden, die auch Menschen beeinträchtigen können, und Parasiten wie Milben oder Zecken im Gefieder der Tauben können auf Haustiere übergehen. Daher ist in Städten das Füttern von Tauben häufig auch generell auf öffentlichen Plätzen verboten.

Welches Futter ist das richtige?

Ob sortenrein, als Fertigmischung oder selbst zusammengestellt, mit oder ohne Fett – Vogelfutter gibt es für jeden Geldbeutel und Zeitaufwand. Probieren Sie am besten aus, was Ihnen und „Ihren" Vögeln am besten zusagt.

Der Vogelfuttermarkt hat sich in den letzten Jahren extrem entwickelt, immer mehr unterschiedliche Produkte sind auf dem Markt. Das beginnt mit sortenreinen Körnern und reicht über Fettkuchen in Herzform bis hin zu praktischem „Fastfood", bei dem Sie nur noch den Deckel von der Konserve schrauben und das Gefäß in eine Haltevorrichtung stecken müssen.

Bei der Wahl von Vogelfutter und Hersteller sollten Sie sich vorab ein paar Gedanken machen, für welche Vögel Sie Futter anbieten wollen, welche Futtervorrichtungen für Sie und „Ihre" Gartenvögel die richtigen sind und auf welche Qualität Sie Wert legen – wobei hohe Qualität auch meistens ihren Preis hat.

Einkaufstipps

In der Regel wird Vogelfutter nicht als Sämereien speziell für Vögel angebaut. Vielmehr werden Anteile der Produktion zum Beispiel von Sonnenblumenkernen oder Erdnüssen, die von minderwertiger Qualität sind, als Vogelfutter verkauft. Minderwertig kann bedeuten, dass der Ölgehalt bei schlechter Ernte geringer ist und sich die Kerne nicht zur Ölproduktion eignen oder dass Nüsse nicht den Anforderungen an Lebensmittel für den Verzehr durch Menschen entsprechen.

Qualität hat ihren Preis

Gutes Vogelfutter besteht aus Samen von höherer Qualität, die meistens auch teurer sind.

Bei selbst gemachtem Fettfutter können Sie die Qualität besser kontrollieren.

Füllstoffe: Preisgünstiges Vogelfutter enthält häufig Füllstoffe, die von den meisten Gartenvögeln eigentlich gar nicht gefressen werden. Getreidekörner zum Beispiel sind beliebt bei Hühnervögeln (Wachteln, Rebhühner, Fasane) und Ammern, die Sie aber sehr wahrscheinlich nicht in Ihrem Garten antreffen werden. Auch Feldsperlinge fressen Getreidekörner, bevorzugen aber ölhaltigere Samen wie die von Sonnenblumen oder Erdnüsse, sobald diese ebenfalls im Angebot sind. Weitere Füllstoffe, die von den meisten Gartenvögeln wenig oder gar nicht gefressen werden, sind Haferflocken und wenig energiereiche Hirsesamen. Haferflocken sind häufig in Weichfuttermischungen zu finden und werden hauptsächlich von Amseln oder Rotkehlchen gefressen, ihr bevorzugtes Futter sind sie aber nicht. Füllstoffe, die übrig bleiben, haben Sie einerseits unnötig mitgekauft, andererseits müssen Sie diese Reste entfernen, damit hier kein Schimmel entsteht.
Herkunft: Weiterhin wird der Preis von Vogelfutter durch dessen Herkunft bestimmt. In Deutschland produzierte Sonnenblumenkerne sind im Allgemeinen teurer als solche, die in der Ukraine oder gar in China produziert wurden. Bei letzteren sind allerdings der lange Transportweg und die damit einhergehende Umweltbelastung sowie möglicherweise die Bedingungen beim Anbau (für Menschen wie für Umwelt) zu bedenken. Mittlerweile wird auch Bio-Vogelfutter angeboten. „Bio“ bedeutet hier in erster Linie, dass beim Anbau auf Pestizide verzichtet wurde.

Sie können sich Ihre Futtermischung optimal selbst zusammenstellen, wenn Sie die Vorlieben „Ihrer“ Gartenvögel herausgefunden haben.

Kontrolle ist wichtig

Von vielen Herstellern wird eine Kontrolle ihrer Futtermittel auf Schadstoffe wie Aflatoxin und Beimischungen von Ambrosia-Samen durchgeführt – allerdings ein ebenfalls preisbestimmender Vorgang, nichtsdestotrotz wichtig.

Aflatoxin ist ein Gift, das von einem Schimmelpilz gebildet wird. Der Pilz kann auf dem gesamten Produktionsweg vom Boden, auf dem die Pflanze wächst, bis zur endgültigen Lagerung der Sämereien auftreten. Besonders betroffen sind Erdnüsse. Als Lebensmittel vorgesehene Produkte unterliegen strengen Kontrollen auf Aflatoxin. Das Gift ist für Menschen ebenso wie für Tiere schädlich, dennoch werden für den Verzehr durch Menschen ausgesonderte Kerne häufig in Futtermitteln für Vögel weiterverarbeitet. Verantwortungsbewusste Futtermittelvertreiber gehen weit über die gesetzlichen Vorgaben hinaus und verwenden für ihr Vogelfutter Produkte, die durchaus Lebensmittelstandards entsprechen.

Die Beifuß-Ambrosie (*Ambrosia artemisiifolia*) ist eine Pflanze, die ursprünglich in Nordamerika heimisch ist und sich seit einiger Zeit vor allem über die Beimischung ihrer Samen in Vogelfutter bei uns ausbreitet. Ihre Pollen können über eine Entfernung von 100 km noch starke allergische Reaktionen wie Heuschnupfen und Asthma auslösen. Gezielte Saatgutreinigungen und strenge Kontrollen von Vogelfuttermischungen auf Samen der Beifuß-Ambrosie seitens der Hersteller sind daher besonders wichtig. Leider ist auch durch aufgedruckte Logos wie zum Beispiel „Ambrosia-Controlled" nicht immer Ambrosia-Freiheit gewährleistet, und selbst renommierte Futterhersteller, die ihre Ware sogar zweimal kontrollieren, übernehmen keine 100-prozentige Garantie.

Schimmelbefall: Warme und feuchte Bedingungen bieten auch anderen Schimmelpilzen günstige Bedingungen. Das zu kontrollieren sind nicht nur die Futtermittelhersteller, sondern auch Sie selbst gefragt. Damit Ihr gekauftes Vogelfutter nicht verdirbt, lagern Sie es am besten trocken und kühl in verschließbaren Behältern. Schimmeliges Futter sollten Sie auf keinen Fall verwenden, sondern direkt in die Restmülltonne entsorgen.

Übrigens sind Beschädigungen von Nüssen und Sämereien, zum Beispiel Bruch, kein Grund zur Beunruhigung. Solches Futter können Sie ohne weiteres anbieten.

SORTENREIN ODER GEMISCHT?

Häufig ist es sinnvoller, verschiedene Sämereien zu verfüttern, denn dadurch kommen wahrscheinlich mehr Vogelarten an ihre Futterstelle. Sie können bereits fertige Futtermischungen, auch für verschiedene Futtervorrichtungen, kaufen. Dabei sollten Sie jedoch unbedingt überlegen, welche Vogelarten überhaupt an Ihre Futterstelle kommen und auf die oben erwähnten Füllstoffe und ihre Nachteile achten. Wenn Sie Sämereien sortenrein erstehen, können Sie sie gezielt in geeigneten Futtervorrichtungen anbieten oder selber das zusammenmischen, was „Ihre" Vögel am liebsten fressen. So entstehen keine unnötigen Abfälle. Manche Vögel haben eine Vorliebe für bestimmte Kerne und räumen alles andere aus einem Futterspender einfach aus. Sortenreine Sämereien sind zudem günstiger im Preis als Mischungen und garantiert ohne Füllstoffe. Bei den meisten sortenreinen Körnern ist auch nicht mit Ambrosia-Samen zu rechnen.

WER FRISST WAS?

	Getreidekörner	Hirsesamen	Haferflocken	Erdnüsse	
				ganz	geschrotet
Amsel und andere Drosseln			×		×
Buchfink		×			×
Grünfink		×			×
Stieglitz					×
Erlenzeisig		×			×
Meisen				×	×
Tauben	×	×			
Sperlinge	×	×	×	×	×
Heckenbraunelle		×			×
Rotkehlchen			×		×
Kleiber				×	×
Star		×			×
Buntspecht				×	×

Teures Futter für den Nachwuchs

Lebendfutter ist im Vergleich zu Sämereien sehr teuer. Kein Wunder, wenn man bedenkt, dass es sich um Tiere handelt, die fachgerecht gezüchtet und betreut werden müssen. Bei lebendigen Insektenlarven oder Würmern bestimmen auch Verpackung und Versand den Preis maßgeblich mit.

Was „teuer" etwas konkreter bedeutet, sei hier einmal an einem Beispiel durchgerechnet: 100 g Mehlwürmer entsprechen etwa 800 Stück. Stare oder Haussperlinge, die Mehlwürmer als Nahrungsquelle für ihre Jungen entdeckt haben, nehmen bei jedem Besuch Ihrer Futterstelle im Durchschnitt fünf Mehlwürmer mit. Bei einer Fütterfrequenz von drei bis fünf Minuten nur eines Altvogels wären die 100 g an einem Tag locker verzehrt. Kommen mehrere Altvögel an die Fütterung, sind die angebotenen Mehlwürmer entsprechend schneller weg. Nun füttern Haussperlinge ihren Nachwuchs insgesamt etwa drei Wochen lang. Bei einem Preis von mindestens 2 Euro pro 100 g lebende Mehlwürmer und bei nur einem fütternden Altvogel wären das

Sonnenblumenkerne mit Schale	Sonnenblumenkerne geschält	Nyjersamen, Distelsamen	Obst, Beeren	Fett	Mehlwürmer, andere Insekten
	x		x	x	x
x	x	x			
x	x		x		
		x			
		x		x	
x	x			x	x
			x		
x	x			x	x
				x	x
			x	x	x
x	x		x	x	
	x	x	x	x	x
	x		x	x	x

42 Euro für eine Brut mit durchschnittlich drei Jungen, das hieße 14 Euro pro kleinem Haussperling, wenn beide Elternvögel füttern, gar 28 Euro.

Bei dem sonstigen Lebendfutter sieht es nicht viel anders aus: 40 Stück Regenwürmer kosten etwa 2 Euro, genauso wie 15 Stück Riesenwürmer. Wie schnell die von Amseln oder Staren verzehrt oder verfüttert werden, können Sie sich vielleicht vorstellen.

Ob Sie das Verfüttern von Lebendfutter zur Brutzeit für sinnvoll und erschwinglich halten, müssen Sie selbst entscheiden. Sicher ist, dass es in einem naturnahen, pestizidfreien Garten viele natürlich vorkommende Insekten und Insektenlarven geben sollte. Gelegentlich Mehlwürmer zu verfüttern, kann zweifellos eine gute Möglichkeit sein, die Beobachtung von Altvögeln und der Fütterung schon ausgeflogener Jungvögel zu verbessern. Als Vogelschutz-Maßnahme über die gesamte Brutzeit sollte es unserer Meinung nach nicht dienen.

Selbst gemachtes Fettfutter können Sie in verschiedenen Formen anbieten.

Rind, Kokos oder Palme?

Bei Fettfutter verwenden Sie als Fett am besten Rindertalg, alternativ auch hochwertiges pflanzliches Kokos- oder Palmfett, deren Eigenschaften denen von Talg am nächsten kommen. Margarine können Vögel wegen der zahlreichen Zusatzstoffe, die darin enthalten sind, nicht gut verdauen.

In der Regel sind dem Fett weitere Futtermittel in Form von Sämereien, Bruch oder Mehl von Erdnüssen, Sonnenblumen oder Getreide sowie auch Beeren oder getrocknete Insekten(larven) beigemengt. Hier gelten dieselben Füllstoffregeln wie bei Futtermischungen (Seite 59). Gelegentlich werden gefärbte Futterkuchen angeboten, zum Beispiel rot oder beerenrosa. Möglicherweise könnte dies ihre Attraktivität für einige Vogelarten erhöhen, weil bei vielen Vögeln vor allem rote Beeren und Früchte beliebt sind. Aromastoffe hingegen sind aufgrund des relativ schwach ausgebildeten Geschmacks- und Geruchssinns von Vögeln eher unerheblich.

Sämereien sammeln?

Walnüsse werden auf dem Markt fast ausschließlich für den menschlichen Verzehr angeboten und sind sehr teuer. Sie kommen aber im Gegensatz zu Erdnüssen auch in unseren Feldern, Waldrändern und Gärten vor. Da kann es sinnvoll sein, selber sammeln zu gehen und die Nüsse den Vögeln als Bruch anzubieten.

Das Sammeln von **Distelsamen und anderen Sämereien** als preisgünstigere Alternative zu gekauftem Vogelfutter macht eher wenig Sinn. Wenn es schon in der allgemein viel zu aufgeräumten Feldflur noch Samenstände gibt, ist es viel sinnvoller, diese auch dort zu belassen.

Anders sieht es bei **Samenständen von Gartenpflanzen** aus, die Sie aus irgendwelchen Gründen eben nicht den ganzen Winter im Garten belassen wollen. Werden die Stängel sowieso geschnitten und entsorgt, tun Sie Ihren Vögeln etwas Gutes, wenn Sie die Samen vorher absammeln und im Winter als Vogelfutter anbieten. Noch besser ist es allerdings, die Samenstände stehen zu lassen.

Vogelfutter selber machen

Futterkuchen aus eigener Herstellung sind für Vögel ein besonderer Leckerbissen. Besonders Kinder beobachten gespannt, welche Vögel sich über das selbst zubereitete Futter hermachen. Und dem Experimentieren sind nur wenige Grenzen gesetzt.

Neben dem Zusammenstellen eigener Körnermischungen können Sie auch Fettfutter und Weichfutter leicht selber herstellen. Der Vorteil dabei ist, dass Sie selbst entscheiden, was in einem Futterkuchen enthalten ist und in welcher Form das Fettfutter letztlich angeboten wird. Futterkuchen selber zu machen ist im Endeffekt auch preisgünstiger als der Kauf fertiger Produkte, die Zeit dafür allerdings nicht eingerechnet.

Fettfutter aus eigener Herstellung

Grundsätzlich kann man mit Fett alle Futtermittel mischen. Damit der Fettkuchen stabil bleibt und nicht zerbröselt, empfiehlt es sich, bestimmte Mengenverhältnisse einzuhalten. Aber auch hierfür gilt: Probieren Sie es aus!

GRUNDREZEPT FÜR FETTFUTTER

Zutaten: Rindertalg oder Kokos- oder Palmfett (aus zertifiziertem Anbau!); Futtermittel, z. B. Sämereien, Sonnenblumenkern- und Erdnussbruch, getrocknete Mehlwürmer, Trockenobst
Mischungsverhältnis: 1–2 Teile Fett : 1 Teil Futtermittel

Zubereitung: Etwa die Hälfte des Fettes in einem Topf erhitzen, bis es flüssig ist, dann vom Herd nehmen und das übrige Fett darin ebenfalls schmelzen lassen. Futtermittel unterrühren und die Mischung abkühlen lassen, bis eine streichfähige Masse entstanden ist. Die streichfähige Fettfuttermischung können Sie auf unterschiedlichste Art weiterverwenden.

In Tontopf oder Kokosschale

Klassisch ist das Befüllen von Gefäßen mit Fettfutter. Als Gefäße eignen sich kleine Blumentöpfe aus Ton, halbe Kokosschalen, Plätzchenförmchen und vieles mehr. In der Regel werden die Gefäße dann mit der Öffnung nach unten aufgehängt. Nicht vergessen: Schon vor dem Befüllen mit Fettfutter eine Aufhängevorrichtung anbringen.

Solche nach unten geöffneten Gefäße werden meistens von Meisen, Kleibern und vielleicht Spechten besucht, die es alle gewohnt sind, im Geäst oder an senkrechten Flächen turnend ihre Nahrung zu finden.

Für andere Vogelarten kann das Fettfuttergemisch als Futterkuchen in geeigneten Halterungen oder auf einem Futtertisch angeboten werden. Hierfür das Gemisch in Formen geben, aus denen der erkaltete Futterkuchen wieder herausgelöst werden kann, zum Beispiel kleine, mit Backpapier ausgelegte Plastikbehälter oder Kuchenförmchen aus Silikon.

Produzieren Sie jedoch nicht zu viele Futterkuchen auf einmal und auch keine zu großen, die die Vögel nicht in kurzer Zeit vollständig wegpicken können. Bei längerem Herumliegen wird das Fett womöglich ranzig (Geruch!).

Sie können Fettfutterkuchen aber auch gut einfrieren und bei Bedarf wieder auftauen.

Bitte keine Netze!

Natürlich lassen sich aus dem Fettfuttergemisch auch die klassischen Meisenknödel formen. Meisenknödel, auch die gekauften, sollten aber nicht in Netzen aufgehängt werden, da sich hierin die Vögel womöglich verfangen könnten. Am besten, Sie bauen eine Schlaufe aus Bindfaden zum Aufhängen gleich mit in den Knödel ein oder geben die Meisenknödel in dafür vorgesehene Halterungen.

Rindenfütterung und Futterhölzer

Das noch formbare Fettfuttergemisch können Sie auch direkt in die raue Rinde eines Baumes oder in ebenfalls selbstgemachte Futterhölzer streichen. Als Futterholz eignen sich unbehandelte Holzblöcke oder Abschnitte dicker Äste, in die große Löcher von etwa 5 cm Durchmesser und etwa 8 cm Tiefe gebohrt werden. In die Löcher wird die Fettmasse gepresst und zusätzlich am unteren Ende jeweils eine Sitzstange, zum Beispiel ein kleiner Ast, eingefügt.

Sowohl bei Fett an Baumrinden als auch an Futterhölzern finden sich vor allem Kleiber und Spechte sowie Meisen ein.

Mit Fettfutter befüllte Tontöpfe oder Kokosschalen bleiben Kletterern wie den Meisen vorbehalten.

Fettfutter ohne Kochen

Für die Herstellung von Futterkuchen ohne Hitze, etwa wenn Sie Vogelfutter zusammen mit kleinen Kindern herstellen möchten, wird pflanzliches Fett (Kokos- oder Palmfett) fein zerkleinert, die anderen Futtermittel werden zugegeben und alles mit den Händen gründlich vermengt. Durch das Kneten erwärmt sich das Fett und wird geschmeidig genug, um Körner und gehackte Früchte aufzunehmen und einen formbaren „Teig" zu ergeben. Die Masse können die Kinder dann zum Beispiel in die Ritzen offener Kiefernzapfen, in Plätzchenförmchen oder andere mit Aufhängevorrichtung versehene (kleine) Gefäße füllen und im Garten an Zweige hängen. Der Fantasie sind hier keine Grenzen gesetzt. Sie sollten aber vielleicht bedenken, ob Gefäße aus Plastik wiederverwendet werden können oder dadurch unnötiger Müll entsteht.

Beeren und Früchte ...

... sind bei vielen Vögeln beliebt. Am einfachsten ist es, frische Äpfel oder Trockenobst am Boden auszulegen. Speziell für Äpfel gibt es aber auch Halterungen zum Aufhängen. Am Futtertisch können Sie einen ganzen oder halbierten Apfel auf einen großen, stumpfen Nagel aufspießen, damit er nicht wegrollen kann.

Ein aufgespießter Apfel ist denkbar einfaches und natürliches Vogelfutter, hier für eine Mönchsgrasmücke.

Weichfutter, selbst gemacht

Hierfür mischen Sie einfach feinen Bruch von Sonnenblumen- und Erdnusskernen mit wenigen Haferflocken, zerkleinertem Trockenobst (zum Beispiel Rosinen) und getrockneten Mehlwürmern. Zerkrümeltes Fett(futter) kann die Mischung noch bereichern.

Küchenabfälle

Essensreste, wie sie früher häufig an Gartenvögel verfüttert wurden, sind in den meisten Fällen nicht als Vogelfutter geeignet, denn sie enthalten viel zu viel Salz (siehe unten).

- Einige wenige Speisen wie ungesalzener gekochter Reis oder ungesalzenes Gemüse, etwa Karotten oder Brokkoli, scheinen von manchen Vogelarten gefressen zu werden.

- Immer wieder wird getrockneter Käse an Vögel verfüttert. Es gibt jedoch Hinweise darauf, dass die darin enthaltenen Zusatzstoffe von den Vögeln schlecht oder gar nicht verdaut werden und daher eher schaden können.
- Brot wird zwar von vielen Vögeln gefressen, sie lassen sich mit gut sichtbaren Brotresten auch leicht anlocken, insbesondere Stare und Spatzen. Der Nährwert von Brot ist für Vögel jedoch sehr gering bei recht hohem Sättigungsgrad. Das bedeutet, dass die Vögel schnell satt sind, aber keine wichtigen Nährstoffe aufgenommen haben.
- Fettränder oder Schwarten von Fleisch, ebenfalls natürlich ungesalzen und ungewürzt, locken zum Beispiel Meisen an, die daran picken.
- Sollten Sie aber tatsächlich Essensreste wie Gemüse oder Fett ohne Zusatz von Salz als Vogelfutter verwenden, achten Sie bitte unbedingt darauf, dass die Reste von den Vögeln auch vollständig gefressen werden und nicht etwa zu schimmeln beginnen oder womöglich Ratten anlocken.

Komplett falsches Futter

- Salz ist für Vögel sehr schlecht, denn sie können es nicht verdauen und ihr Nervensystem kann dadurch geschädigt werden.
- Viele Zusatzstoffe in unseren Lebensmitteln bereiten Vögeln ebenfalls Probleme bei der Verdauung.
- Auch mit Schimmel befallenes Futter gehört nicht auf den Futtertisch, sondern in die Restmülltonne. Schimmelpilze können gefährliche Gifte produzieren.
- Auf gar keinen Fall dürfen Sie ungekochten Reis, Kokosraspeln oder getrocknetes Brot verfüttern, denn sie quellen im Magen der Vögel auf.

Falsches Futter für Jungvögel?

Vogeleltern wissen sehr genau, welche Nahrung die beste für ihren Nachwuchs ist. Die Gefahr, dass sie „falsches Futter“, also solches mit dem falschen Nährstoffgehalt, das sie von Futterstellen holen, an ihre Jungen verfüttern, ist nur bei extremem Mangel an geeigneter Nahrung gegeben. Häufig geäußerte Bedenken, dass Vogeljunge zum Beispiel an ganzen Erdnüssen ersticken, lassen sich einfach ausschalten: Füttern Sie zur Brutzeit nur Erdnussbruch oder bieten Sie Nüsse in speziellen Erdnussbehältern an, aus denen Vögel nur kleine Teile herauspicken können (siehe auch Seite 70).

Silos, Häuser und Tische

Im Handel, in Büchern und Zeitschriften gibt es vielerlei Vorschläge, wie Sie Ihren gefiederten Gästen das Futter am besten anbieten können. Letztendlich richtet sich das jedoch nach den Vorlieben „Ihrer" Vögel, den verwendeten Futtermitteln und Ihren eigenen Vorstellungen.

Neben den klassischen Siloröhren gibt es auch hübsch aussehende Silo-Holzhäuser – hier bedient sich ein Bergfink, bei uns Wintergast.

Ob strikt funktionell oder eher verspielt, ob gekauft oder Marke Eigenbau – Futtereinrichtungen sind so unterschiedlich wie die Menschen und ihre Gärten.

Generell kann man sagen, dass Futtereinrichtungen aus Plastik leichter zu reinigen sind als solche aus Holz. Holz fügt sich jedoch schöner in einen naturnahen Garten ein.

Futtersäulen und Silohäuser

Sinnvoll sind Futtersilos, bei denen das Futter von oben eingefüllt wird und nach unten nachrutscht. Durch ihre Konstruktion wird vermieden, dass die Vögel direkt im Futter sitzen und es verunreinigen können. Futtersilos gibt es in verschiedenen Ausführungen und Größen, aus unterschiedlichem Material und für spezielle Futtermittel.

Futtersilo-Säulen sind aus Plastik oder einer Kombination aus Plastik und Metall und sehr leicht zu reinigen. Durch Löcher in entgegengesetzte Richtungen gelangen die Vögel an das Futter, wobei sie auf darunter angebrachten Stangen oder Ringen sitzen.

Aber achten Sie beim Befüllen darauf, dass Futter und Silo zusammenpassen:

- Futtermischungen mit mehligen Anteilen eignen sich gar nicht für Futtersäulen, da das Futter schon bei geringer Feuchtigkeit verklebt, nicht mehr nachrutscht und schimmeln kann.

Eine Heckenbraunelle frisst an einer Tonschale am Boden, die leicht gereinigt werden kann.

- Für feine Samen sollten Sie spezielle Futtersilos verwenden. Futtersilos für die feinen Distelsamen zum Beispiel haben besonders kleine Löcher, so dass die Samen nicht herausfallen, Vögel mit feinen Schnäbeln sie aber dennoch erreichen können.
- Erdnuss-Silos zeichnen sich dadurch aus, dass die Vögel zwar an den Erdnüssen picken, die Kerne jedoch nicht als Ganzes aus der Drahthülle herausbekommen können.

Futtersilos in Form von Futterhäusern finden Sie ebenfalls im Handel, sowohl aus Plastik als auch aus Holz oder einer Kombination von beidem. Dabei rutscht das Futter in Rinnen, an denen die Vögel sitzen können. All diese gängigen Futtersilos sind stehend oder hängend an Halterungen befestigt. Vögeln, die am Boden ihre Nahrung suchen, ist mit Futtersäulen hingegen nicht gedient.

Futter auf Flächen

Einige Vogelarten, zum Beispiel Amseln, fressen lieber von flachen Flächen, seien sie in einiger Höhe oder direkt am Boden. Da ist es klar, dass die Tiere im Futter sitzen können. Bei regelmäßiger Reinigung spricht jedoch nichts dagegen (Seite 55).

Futterhäuser auf Stelzen mit Giebeldach sind die Klassiker unter den Vogelfütterungen. Hier ist das Futter vor Regen und Schnee geschützt und die Häuschen können überall aufgestellt werden.

Futtertische dagegen haben kein Dach, sie können aber ebenfalls auf Ständern in verschiedenen Höhen angebracht werden. Meist stehen Futtertische bodennah auf niedrigen Füßen. Futtertische haben gegenüber Bodenfütterung, bei der das Futter direkt auf den Boden gestreut wird, den Vorteil, dass sie umgesetzt werden können und nicht an Ort und Stelle gereinigt werden müssen.

Manche Bauweisen von Futterhäusern oder -tischen sind um ein herausnehmbares Tablett aus Kunststoff ergänzt, auf dem das Futter liegt und das wiederum leichter zu reinigen ist.

Sowohl in Futterhäusern als auch auf Futtertischen können Sie alle Arten von Vogelfutter anbieten.

Futterkuchen und Lebendfutter

Für Fettkuchen, Meisenknödel und andere Fettfutterprodukte gibt es zahlreiche Halterungen, zum Aufspießen, Anhängen oder Einlegen. Wieder kommt es ganz darauf an, welche Vogelarten Sie füttern möchten.

Lebendige Futtertiere, zum Beispiel Mehlwürmer, Mottenlarven oder Regenwürmer, werden verständlicherweise versuchen, vom Futtertisch oder aus einer Schale, die offen und für Vögel gut sichtbar aufgestellt ist, zu fliehen und sich zu verkriechen. Bei Behältern mit steilen, glatten oder gar nach innen gebogenen Wänden wird ihnen ein Entkommen allerdings erschwert.

Mehlwürmer oder andere würden aber im Garten wohl nicht lange überleben, denn Fressfeinde wie Vögel, Igel oder Spitzmäuse können überall lauern. Zudem finden sie hier kein Futter, um sich weiterzuentwickeln.

WELCHE ARTEN KOMMEN AN WELCHE FUTTEREINRICHTUNG?

Hängend:	Am Boden:	Flächig:
Futtersäule oder -silo, Futterkuchen	**Bodenfuttersilo, direkt ausgestreut**	**Futterhaus oder -tisch**
Meisen, Haussperling, Buntspecht, Star, Grünfink, Erlenzeisig, Kleiber, Star	Amsel, Singdrossel, Heckenbraunelle, Zaunkönig, Bachstelze, Buchfink, Grünfink, Star	Fast alle Gartenvögel

BITTE KEINE KOMBIS!

Futterhäuser, die mit Nistkästen kombiniert sind, eignen sich nicht für verantwortungsgerechte Fütterung, denn Vögel, die die Futterstelle besuchen, verhindern oder vertreiben ein nistendes Pärchen, so dass eine solche Kombination schlichtweg unsinnig wäre.
Auch Futtertische oder Häuser, die völlig überladen sind mit daran hängenden Meisenknödeln und anderem, sind keineswegs ideal, denn die Vögel sitzen hier zuweilen übereinander und beschmutzen einander womöglich.

Glasanflug vermeiden

Viele Häuser haben im Erdgeschoss sehr große Fenster oder Terrassentüren aus Glas. Hier besteht die Gefahr, dass die Vögel die Scheiben nicht erkennen und in schnellem Flug dagegenprallen, denn in dem Glas spiegeln sich der Himmel und die Landschaft und gaukeln freie Flugmöglichkeiten vor. Je näher eine Futterstelle an einer Glasfront steht, umso geringer sind das Risiko und die Auswirkungen eines Aufpralls. Als ideal gilt eine Entfernung von 1–5 m.

Vogelanflug können Sie verhindern, indem Sie die Scheibe für die Vögel sichtbar machen, vor allem an der Außenseite.

Vögel füttern ohne Garten

Vogelfütterung ist auch auf dem Balkon oder am Fensterbrett erlaubt und kann nicht ohne Weiteres vom Vermieter verboten werden. Allerdings müssen Sie zum einen darauf achten, dass es nicht zu übermäßiger und gesundheitlich bedenklicher Verschmutzung am eigenen Balkon oder Fensterbrett oder dem darunter gelegenen kommt. Zum anderen müssen Sie Vorsorge treffen, dass Tauben der Zugang verwehrt bleibt, wenn in der Hausordnung Ihrer Wohnanlage steht, dass das Füttern von Tauben am Balkon verboten ist (Seite 57).

Für Balkone gibt es spezielle Halterungen für Futtersilos, die damit am Balkongitter befestigt werden können.

Eigens für Fütterungen an Fenstern sind leichte Kunststoffkonstruktionen im Handel erhältlich, die Sie mithilfe von Saugnäpfen außen an der Fensterscheibe befestigen können.

Ein Garten für Vögel

Vogelfütterung schadet nicht. Doch noch besser ist es, wenn Sie Ihren Garten möglichst naturnah gestalten, so dass Vögel hier das ganze Jahr über auch reichlich natürliche Nahrung finden.

Unter unseren Gartenvögeln befinden sich Körnerfresser, Insektenfresser und solche, die von allem etwas nehmen, auch Obst und grüne Pflanzenteile. Zur Jungenaufzucht verfüttern aber fast alle Arten Insekten oder noch besser deren Larven, aber auch häufig Spinnen. Insekten und Spinnen sind nämlich reich an Proteinen, die die Jungen zum Wachstum benötigen.

Futter natürlich

Ein Angebot an Sämereien ergibt sich ganz von selbst, wenn man Blühpflanzen auch Samen bilden lässt, also nicht immer sofort alle verblühten Blumen abschneidet. So manche Samenstände können auch über den Winter lange stehen bleiben. Im Staudengarten, wo im Winter die meisten grünen Pflanzenteile verschwunden sind, sieht das zudem recht dekorativ aus.

Eine Vielfalt an Insekten stellt sich ganz von selbst ein, wenn im Garten keine Pestizide verwendet werden. Unter den Insekten und anderen Wirbellosen gibt es solche, die sich räuberisch von anderen Kleintieren ernähren, Pflanzenteile fressen oder Nektar brauchen. Wichtig ist, möglichst heimische Pflanzen im Garten zu haben, denn zwischen Pflanzen und Tieren gibt es enge Beziehungen. Nichtheimische Pflanzen erfüllen möglicherweise die benötigten Bedingungen nicht und sind dann für heimische Wirbellose nutzlos, das heißt, diese können nicht auf oder von ihnen leben.

Pflanzenwahl

Ein Garten für Vögel steht und fällt mit der Auswahl der richtigen Pflanzen. Für **Hecken** sowie für einzeln stehende Sträucher empfehlen sich beerentragende Sträucher. Auf Seite 77 haben wir für Sie ein Pflanzbeispiel für eine Vogelhecke zusammengestellt. Als „Vogelfutter" besonders hervorzuheben sind der Schwarze Holunder und der heimische Liguster.

Das beste Futter ist immer noch das, was die Natur hervorbringt – oder der naturnahe Garten.

Ist im Garten Platz für einen **Baum**, bietet es sich an, einen Obstbaum zu wählen. Obstbäume gibt es auch in kleinwüchsigen Formen für kleine Gärten. Gut eignet sich auch die heimische Eberesche, die nicht umsonst „Vogelbeere“ genannt wird. Heimische Weidenarten, zum Beispiel Sal-, Grau- oder Bruchweide, können sowohl Bestandteil einer Hecke als auch Einzelstrauch oder Baum sein. Als früh blühende Pflanzen sind sie wichtig für Bienen und Hummeln, in Weiden leben aber auch die Raupen einer Reihe von Schmetterlingen, etwa des Abendpfauenauges, des C-Falters und des Großen Schillerfalters.

Bei der Wahl von **Stauden für Blumenbeete** sind wiederum möglichst heimische Arten zu bevorzugen. Bei Züchtungen sollten Sie darauf achten, ob die Blumen mit einem Duft Insekten anziehen. Und gefüllte Blüten sind zwar vielleicht schön, für den naturnahen Garten aber eher nutzlos, denn hier ist Bienen und Hummeln der Zugang zum Nektar erschwert.

Eine Bereicherung des Staudenbeetes sind Pflanzen, die nachts blühen oder duften, wie zum Beispiel die Nachtkerze. Durch sie werden auch Nachtfalter angezogen.

In den meisten Gärten gibt es **Rasen**, und auch der ist wichtig, denn nur auf kurzrasigen Flächen haben Amseln, Drosseln und Stare die Möglichkeit, nach Regenwürmern und Schnaken zu suchen. Auf ständig gedüngtem, gegen Moos gespritztem „Englischen Rasen“ finden sie diese natürlich nicht, also bitte keine Chemie einsetzen.

Kletterpflanzen eignen sich vor allem auch für kleine Gärten, denn sie begrünen schnell vertikale Flächen. Efeu und einige Sorten des Geißblatts sind immergrün und tragen zudem bei Insekten beliebte Blüten und im Herbst Beeren als Vogelfutter. Hier finden Vögel auch Nistmöglichkeiten.

Unordnung erwünscht

Vor allem kleine Lebewesen profitieren von etwas „Unordnung" im Garten. Wenn Sie einen Teil des Rasens als **Wiese** stehen lassen, können Gräser Samen bilden und Blumen zum Blühen kommen. Grassamen beispielsweise werden von Vögeln aufgepickt, Blüten sind Nektarquelle für zahlreiche Insekten, die wiederum von Vögeln gefressen werden. Im Frühjahr und Sommer können Sie gemähte und ungemähte Flächen abwechseln, ab dem Spätsommer sollte dann eine Fläche als Altgras stehenbleiben, denn hier überwintern unter anderem die Raupen oder Puppen einiger Schmetterlingsarten.

Geschnittene Zweige von Bäumen und Hecken lassen sich leicht als **Reisighaufen** aufstapeln. Das kann auch durchaus ordentlich aussehen oder sogar als Sichtschutz oder Begrenzung dienen, wenn die Reiser zum Beispiel zwischen in den Boden gesteckten Pflöcken aufgeschichtet werden. Hier brüten dann Rotkehlchen oder Zaunkönig, und viele Kleintiere finden hier Zuflucht. Vielleicht zieht sogar ein Igel ein.

Vermoderndes Holz in Form von Astabschnitten oder sogar ganzen Wurzeln kann im Beet sehr dekorativ aussehen. Gleichzeitig dient es als Lebensraum für viele Käfer und ihre Larven, als Unterschlupf für Asseln, Tausendfüßer und Spinnen.

Laub bitte nicht immer gleich auf den Kompost geben oder zum Wertstoffhof fahren. In der Laubschicht überwintern zahlreiche Kleintiere, Laubhaufen dienen Igeln als Winterquartier. Am besten, Sie legen eine Laubschicht oder einen Laubhaufen an einer geschützten Stelle an, etwa unter einer Hecke oder einem Busch. Gegen Verwehung durch Wind können Sie beispielsweise ein paar Reiser oder Äste rundherum feststecken.

Auch lose aufgeschüttete **Steinhaufen** oder richtige **Trockenmauern**, die ohne Mörtel gebaut sind, ziehen viele Kleintiere an. Hier finden sie Unterschlupf, Nistmöglichkeiten und Schatten, können sich aber auch auf der Oberfläche von der Sonne wärmen lassen.

Steinhaufen bieten Unterschlupf für viele Kleintiere, die wiederum Vögeln als Nahrung dienen können.

BRENNNESSELN – BESSER ALS IHR RUF

Jeder Garten wird durch eine „Wilde Ecke“ bereichert, wo auch Brennnesseln wachsen dürfen. Die Raupen von Tagpfauenauge und Admiral beispielsweise fressen ausschließlich an Brennnesseln. Manche Vogelarten verwenden die feinen Pflanzenfasern als Nistmaterial.

Viele für trockene, steinige Standorte geeignete Pflanzen blühen reich und bieten wiederum Nahrung für Insekten, zum Beispiel Steinbrechgewächse, Mauerpfeffer oder auch Gewürzpflanzen wie Oregano.

Ist der Garten groß genug, sollte auch ein **Komposthaufen** nicht fehlen, denn hier leben vor allem Würmer, aber auch Schnecken, Spinnen und viele andere Wirbellose. Und die verrotteten Grünabfälle ergeben nach ein paar Jahren eine hervorragende Erde. Ein geschlossener Kompostbehälter aus Kunststoff eignet sich allerdings nicht. Am besten sind Holzkonstruktionen, die Sie selbst bauen oder im Gartenhandel als Bausatz kaufen können.

Vogelhecke

Eine Hecke ist eine gute Möglichkeit, Ihr Gartengrundstück vor unerwünschtem Einblick zu schützen und gleichzeitig den Gartenvögeln Unterschlupf und Nahrung zu bieten. Für Hecken gibt es die Möglichkeit einer „losen“ Hecke aus verschiedenen Baum- und Straucharten, die mit der Zeit zusammenwachsen, oder Sie legen eine Schnitthecke an, die regelmäßig zurückgestutzt wird (beachten Sie dabei die gesetzlichen oder kommunalen

FÜR HECKEN ODER GRUNDSTÜCKSBEGRENZUNGEN GEEIGNETE, BEEREN TRAGENDE STRAUCHARTEN

Lose bis dichte Hecke	Schnitthecke
Kornelkirsche (*Cornus mas*)	Gewöhnlicher Liguster (*Ligustrum vulgare*)
Gewöhnlicher Schneeball (*Viburnum opulus*)	Eibe (*Taxus baccata*)
Gewöhnliches Pfaffenhütchen (*Euonymus europaea*)	Stechpalme (*Ilex aquifolia*)
Gewöhnliche Hasel (*Corylus avellana*)	Echte Berberitze (*Berberis vulgaris*)
Schwarzer Holunder (*Sambucus nigra*)	Weißdorn* (*Crataegus monogyna*)
Schlehe* (*Prunus spinosa*)	

* Schlehe und Weißdorn vermehren sich schnell über Wurzelausläufer, hier ist daher Vorsicht geboten bei der Wahl des Standortes. Ihre Ausbreitung einzudämmen ist mit viel Arbeit verbunden.

Heimische Sträucher sind für unsere Vögel Unterschlupf und Nahrung: Weißdorn, Pfaffenhütchen, Schwarzer Holunder und Schlehe.

Vorschriften für Heckenschnitt). Natürlich können alle Heckensträucher zurückgeschnitten werden, was auch bei einer losen Hecke von Zeit zu Zeit nötig ist – gerade die heimischen Sträucher sind sehr robust und treiben auch nach einem radikalen Rückschnitt wieder gut aus. In der Regel sind Schnitthecken weniger breit, das heißt, für kleinere Gärten eher geeignet. Auch hier können Sie unterschiedliche Straucharten verwenden, es muss keine Einheitshecke sein.

Auch **Bäume** können in einer losen Hecke untergebracht werden. Sie dürfen dann durchaus höher wachsen als die sie umstehenden Sträucher. Geeignete Bäume sind zum Beispiel:

- Holzapfel (*Malus silvestris*)
- Traubenkirsche (*Prunus padus*)
- Vogelkirsche (*Prunus avium*)
- Eberesche (Vogelbeere) (*Sorbus aucuparia*)

Als Solitärstrauch, also nicht in der Hecke, eignet sich auch Sommerflieder. Das ist zwar keine heimische Strauchart, aber sehr beliebt bei vielen nektarsuchenden Schmetterlingen. Zusätzlich ist es dann aber sinnvoll, wenn auch geeignete Futterpflanzen für Raupen im Garten stehen.

Sämereien und Blüten für Insekten

Wenn Sie vom Frühjahr bis zum Herbst blühende Pflanzen im Garten haben, werden auch Insekten da sein. Damit Pflanzen Samen ausbilden können, dürfen sie nach der Blüte nicht gleich geschnitten werden.

Wichtig ist, möglichst bei heimischen Arten zu bleiben. Lassen Sie sich im Fachhandel beraten, mit welchen Pflanzen Sie vom Frühjahr bis zum Spätherbst Blüten in Ihrem Beet haben und in welchen Farben es sie gibt.

Mit einjährigen Blühpflanzen, auch nicht heimischen, können Sie zusätzlich Farbe ins Beet bringen oder kahle Stellen füllen.

Sicherheit vor Katzen

Für Jungvögel und Vögel an der Futterstelle sind Katzen besonders gefährlich. Dornige Sträucher bieten Vögeln und Nestern einen gewissen Schutz vor Katzen und anderen Feinden. Freistehende Futterstellen oder Nistkästen können Sie mit mechanischen Mitteln wie Kragen aus Draht oder Reisig vor neugierigen Katzen schützen.

Wenn die Katze ein Glöckchen umhängen hat, sind die Vögel im Vorfeld gewarnt und werden seltener erbeutet als wenn kein akustisches Signal den Räuber ankündigt. Das Ausplündern eines Nestes wird durch Glöckchen jedoch nicht verhindert, ebenso wenig wie die Tatsache, dass die bloße Anwesenheit einer Katze im Garten für Vögel schon abschreckend sein kann.

Die sinnvollste Maßnahme zum Schutz der Vögel vor Katzen wäre es zweifellos, die Katze im Haus zu behalten – was der Katze wahrscheinlich nicht gut gefallen würde. Ein Ausgehverbot für die Vierbeiner zur Brut- und Aufzuchtzeit der Gartenvögel könnte aber auch schon viel helfen.

Schafgarbe ist eine heimische Pflanze, die hübsch aussieht und viele Insekten anlockt.

BLUMEN FÜR DEN VOGELGARTEN

STAUDEN UND EINJÄHRIGE:

Schmuckkörbchen (Cosmea), Kugeldistel, Mariendistel, Glockenblume, Herbstaster, Gartenaster, Sonnenhut, Goldlack, Rudbeckie, Sonnenbraut, Schneefelberich, Nachtkerze, Strauchrosen

HINTERER BEETBEREICH – HOHE PFLANZEN:

Sonnenblume, Königskerze, Stockrose, Echte Goldrute, Rittersporn

VORDERER BEETBEREICH – NIEDRIGE PFLANZEN:

Kissenaster, Aubretie, Steinbeetgewächse, Männertreu (Lobelie), Echter Gamander, Grasnelke

KRÄUTER:

Ysop, Echte Katzenminze, Lavendel, Borretsch, Bohnenkraut, Basilikum; Thymian und Oregano (auch für den vorderen Beetbereich geeignet)

WIESENBLUMEN, DIE AUCH IM BEET GUT AUSSEHEN:

Schafgarbe, Kornblume, Wiesenmargerite, Mohnblume, Acker-Witwenblume (Scabiose)

Es gibt natürlich noch viel mehr Stauden und Einjährige, deren Blüten von Insekten besucht und deren Samen von Vögeln gefressen werden.

Ein Platz zum Brüten

Wo Vögel Nahrung finden, suchen sie sich auch Möglichkeiten zum Brüten. Kurze Wege mit dem Futter im Schnabel zum Nest, das spart Energie. Und viel Nahrung bedeutet kräftige Jungvögel. Was will man als Vogel mehr?

Wenn Sie eine Hecke, einzelne Sträucher oder einen Baum im Garten haben, legen frei brütende Vogelarten hier ihre Nester an. Dazu gehören zum Beispiel Grünfink und Buchfink oder auch Amsel und Singdrossel. Für Höhlenbrüter wie Meisen und Sperlinge ist es etwas schwieriger, denn alte Bäume mit Höhlen im Stamm sind in Gärten eher selten zu finden. Nistkästen können dann natürliche Höhlen und Nischen ersetzen und sollten im Garten nicht fehlen.

Grundmodell Gartenvogel-Nistkasten

Es sind eher die kleineren Arten unter unseren Gartenvögeln, die Nistkästen nutzen, so dass wir Ihnen hier ein Grundmodell vorstellen, das Sie entsprechend der bei Ihnen vorkommenden Vögel abwandeln können.

Für verschiedene Arten unterscheidet sich der Kasten in der Größe des Einflugloches oder der Konstruktion der Vorderseite. Für Stare sollte nicht nur das Flugloch, sondern auch die Grundfläche des Kastens etwas größer sein. Sie lieben außerdem den Überblick, oft sitzen sie oben auf dem Kasten und singen. Daher sollten Nistkästen für Stare möglichst an Pfosten oder Stangen höher als 3 m angebracht sein.

WELCHER VOGEL PASST WO HINDURCH?

Vogelart	Durchmesser Flugloch (Minimum)
Blaumeise	25 mm
Kohlmeise	28 mm
Haussperling	32 mm
Star	45 mm

Bei **Halbhöhlenkästen** gibt es kein Einflugloch, sondern ein Teil der gesamten Vorderseite bleibt offen, so dass eine tiefe Nische entsteht. Hier brüten gerne Zaunkönig, Rotkehlchen, Rotschwänze und Amsel. Ein einfaches Brett unter einem überdachten Hauseingang oder

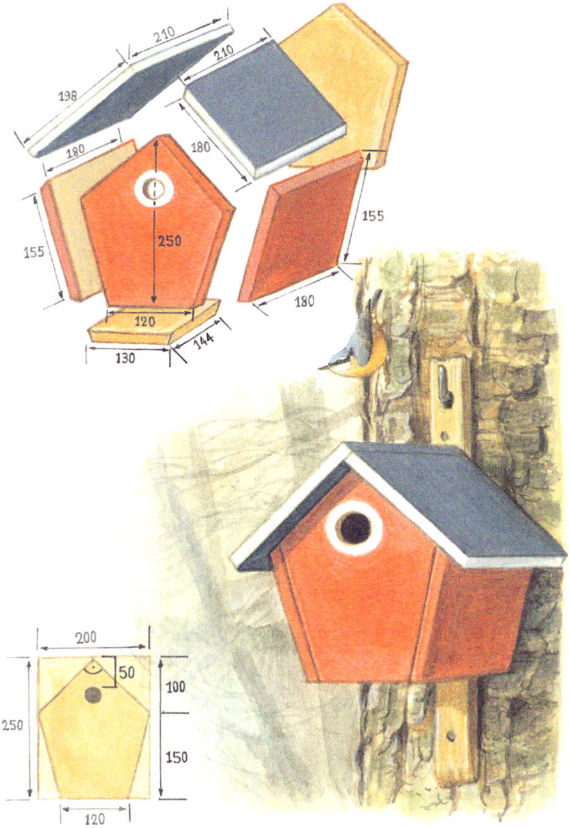

Ein Nistkasten zum Selberbauen. Für Stare vergrößern Sie den Kasten um 10 %. Für Halbhöhlenbrüter können Sie die Vorderwand auf Höhe der seitlichen Ecken absägen, so dass oben eine große Öffnung entsteht.

Carport reicht manchmal ebenfalls aus, eine solche Nische zu bilden, und wird als Nistplatz genutzt.

Für einige Vogelarten gibt es **Spezialkästen**, die ihre Brutgewohnheiten berücksichtigen, so zum Beispiel für Baumläufer mit seitlichem Eingang. Zur **Anbringung** der Nistkästen gilt es noch Folgendes zu wissen: Hängen Sie sie am besten nach Osten ausgerichtet an Bäumen, Pfosten oder Wänden auf. Beachten Sie auch, dass Katzen keinen Zugang oder mögliche Deckung in der Nähe haben. An Drähten frei hängende Nistkästen erschweren Katzen ebenso wie Wieseln und Mardern den Zugang.

Die Heckenbraunelle hat Moos für ihr Nest gesammelt.

Nistmaterial

Haben Vögel den idealen Platz für ihr Nest gefunden, brauchen sie natürlich Nistmaterial.

Die meisten Nester bestehen aus Pflanzenmaterial wie Gras oder Heu, Pflanzenfasern, feinen Ästchen und Moos. Oft werden auch Flechten und Spinnenweben verbaut.

Viele Vögel polstern ihre Nester mit Federn oder Tierhaaren beziehungsweise Wolle aus, damit Eier und Junge weich und warm gebettet sind. In Hausgärten finden sich solche Nistmaterialien eher selten, daher kann es hilfreich sein, den Vögeln diese anzubieten. Dafür sind im Handel unterschiedlichste Konstruktionen erhältlich, Sie können aber auch einen geeigneten Behälter selber bauen. Das Material sollte möglichst trocken bleiben und leicht herauszupfbar sein. Wichtig ist, bei Fäden keine Kunststofffasern und nur kurze Wollabschnitte anzubieten. Schafwolle und weiche Hühnerfedern sind geeignete Nistmaterialien.

Außer Schwalben benötigen auch Amseln für den Nestbau Schlamm oder feuchte Erde.

NISTTASCHEN

Wo es keine Hecken gibt, können Sie aus immergrünen Zweigen (Nadelbaumzweige) Ersatz schaffen. Dazu befestigen Sie ein Bündel Zweige mit den Spitzen nach unten hängend an einem Baumstamm oder einer Wand, biegen die Enden wieder nach oben und binden sie mit Schnur oder Bindedraht fest oder stabilisieren die Konstruktion auf andere Weise. Eventuell können Sie die Nisttasche noch mit einem Drahtgitter gegen Räuber wie Katzen sichern.

Nistkasten-Kameras

Besonders spannend ist es, wenn man das Geschehen in einem Nistkasten miterleben kann. Im Winter übernachtet dort vielleicht eine Kohlmeise, im Frühjahr hat eine Blaumeise ihr Nest aus Moos angelegt. Nistkästen mit eingebauten Minikameras sind mittlerweile in vielen Variationen im Handel erhältlich, findige Bastler besorgen sich die Einzelteile und installieren selber eine kleine Kamera. Im Winter können Sie eine Kamera möglicherweise auch anderweitig verwenden und damit die Futterstelle ständig im Auge behalten.

Die meisten Kameras nehmen die Bilder in Farbe auf. Dafür muss aber Licht im Kasten sein, zum Beispiel durch ein Plexiglasfenster. Die Vögel scheint das nicht zu stören. Bei Dunkelheit schalten die Kameras auf Infrarot-Modus um, die Bilder sind dann schwarz-weiß. In der Regel werden auch Uhrzeit und Datum dazu angezeigt.

Die Bilder werden direkt, also live, auf einen Bildschirm (TV, Computer) übertragen und gegebenenfalls auch gespeichert. Ebenso gibt es Kameras, die in bestimmten Abständen, die Sie selber festlegen können, Fotos machen.

Bei einer Übertragung der Bilder per Kabel muss gewährleistet sein, dass die Kabel auf ihrem Weg vom Kasten zum Bildschirm keinen Schaden nehmen und keine Falle für Tiere darstellen. Zudem müssen die Kabel in aller Regel in ein Gebäude hineingeführt werden. Das gestaltet sich meistens etwas schwierig, wenn kein geeignetes „Loch“ in einer Wand zur Verfügung steht. Es kann also sinnvoll sein, einen Bildschirm in einem Schuppen oder anderen Nebengebäude unterzubringen, an dessen Außenwand der Nistkasten mit der Kamera befestigt ist, anstatt ein Kabel durch die Wohnzimmerwand zum Fernseher zu leiten. Praktischer, aber auch etwas teurer, sind Kameras, deren Bilder kabellos übertragen werden.

Porträts der Gartenvögel

Ringeltaube

Ganzjahresvogel

TYPISCH: Die Ringeltaube ist die häufigste Taubenart in Europa und durch ihre Größe und den deutlichen weißen Halsfleck gut zu erkennen.

WOHNORT: Sie lebt in Wäldern, Parks und Gärten, wo das ganze Jahr über ihr dumpf gurrender Ruf „du-duuh-du-duuh du" zu hören ist. Beim Abflug erzeugen die Flügel ein klatschendes Geräusch. Gut zu beobachten ist der Balzflug der Männchen, bei dem diese mit raschen Flügelschlägen aufsteigen und dann wellenförmig abwärts gleiten.

NAHRUNG: Ringeltauben sind reine Vegetarier. Sie füttern ihre Jungen in den ersten Tagen mit der sogenannten Kropfmilch, einem eiweiß- und fettreichen Substrat, die bei den Altvögeln im Kropf gebildet wird. Ältere Junge erhalten zudem im Kropf aufgeweichte Körner.

Um Getreidekörner im Magen besser zerkleinern und verdauen zu können, nehmen Ringeltauben auch kleine Steine (Magensteinchen) auf.

Das Füttern von Tauben ist an Balkon und Fenster verboten (Seite 57), häufig sieht man sie aber unter Futtersilos oder Futterhäusern am Boden nach Körnern suchen.

FAMILIENLEBEN: Da sie nicht auf Insekten als Futter für die Jungen angewiesen sind, können Ringeltauben zu jeder Jahreszeit brüten. Das Nest wird unordentlich aus feinen losen Reisern in Büschen, Bäumen, Hecken, Fassadenbegrünung oder auf Gebäudevorsprüngen zusammengefügt. Tauben legen immer nur zwei weiße Eier, die Jungen schlüpfen nach zweieinhalb Wochen und bleiben dann noch vier Wochen im Nest.

NAHRUNG IN DER NATUR:
Getreide, Beeren, Samen (auch Bucheckern und Eicheln), Knospen; muss häufig trinken

FUTTER-VORLIEBEN:
Getreidekörner, Rosinen

Türkentaube

Ganzjahresvogel

TYPISCH: Die Türkentaube ist sehr viel kleiner als die Ringeltaube, hellgrau mit schwarzem Nackenring. Sie stammt ursprünglich aus den Steppen Asiens und hat sich erst im 19. und 20. Jahrhundert auch in Europa ausgebreitet.

WOHNORT: Die hellgraue Taube ist ein ausgesprochener Kulturfolger und brütet überall in Siedlungen, häufig in Parks und Gärten. Meist sind die Vögel paarweise unterwegs. Der typische Gesang ähnelt „gu-guu gu", wobei die Betonung auf der zweiten, langgezogenen Silbe liegt. Manchmal wird er mit dem Ruf des Kuckucks verwechselt.

AN DER FÜTTERUNG: Vor allem im Winter sind Türkentauben häufig an Fütterungen zu sehen. Im Gegensatz zur größeren Ringeltaube passen sie häufig auch noch in Futterhäuser. Am Boden suchen sie nach herabgefallenen Sämereien, fressen aber auch gerne getrocknete Beeren.

FAMILIENLEBEN: Ebenso wie bei der Ringeltaube bekommen auch junge Türkentauben zunächst die von den Elternvögeln gebildete Kropfmilch als Nahrung. Pro Jahr können drei bis sechs Bruten mit jeweils zwei Eiern stattfinden. Die Nester werden aggressiv von beiden Partnern verteidigt. Türkentauben brüten auf Plattformen aus kleinen Zweigen, Ästchen und manchmal auch Draht oder Ähnlichem, die sie in Bäumen (hauptsächlich Nadelbäume) und Sträuchern anlegen.

NAHRUNG IN DER NATUR:
Sämereien von Gräsern, Beeren, Pflanzenteile (Keimlinge, grüne Blätter)

FUTTER-VORLIEBEN:
Sämereien, Getreidekörner, getrocknete Beeren

Buntspecht

Ganzjahresvogel

TYPISCH: Die schwarz-weißen Buntspechte mit rotem Nackenfleck und Unterschwanz rufen metallisch wiederholt „kix". Zur Reviermarkierung und zum Anlocken eines Weibchens wird mit bis zu 20 Schlägen pro Sekunde mit dem Schnabel auf Holz getrommelt. Trommeln entsteht auch bei der Suche nach Insekten und Larven im Holz und dem Zimmern einer Höhle.

WOHNORT: Vorzugsweise leben sie in Wäldern und Parks, kommen aber sehr häufig auch in Gärten. Sind alte Bäume vorhanden, finden sie hier Brutmöglichkeiten und Nahrung.

NAHRUNG: Am Stamm sitzend werden Käferlarven mit der spitzen Zunge aus der Rinde oder dem Holz gepult. Die Federn des kurzen Schwanzes sind verstärkt, so dass sich der Vogel damit am Stamm abstützen kann.

Buntspechte besuchen regelmäßig auch Futterstellen. Besonders beliebt sind Erdnusskerne und Fettfutter, zum Beispiel als Rindenfütterung (Seite 66). An die Samen von Nadelbäumen gelangen sie, indem sie die Zapfen in Rindenspalten festklemmen und dann die Kerne herauspicken (Spechtschmiede).

FAMILIENLEBEN: Die vier bis sieben weißen Eier liegen direkt auf dem Boden der selbst gezimmerten Baumhöhle. Zwei Wochen lang werden sie von Männchen und Weibchen abwechselnd bebrütet, dann schaffen die Eltern Insektennahrung herbei. Beim Anflug eines Altvogels an den Brutbaum hört man von älteren Jungen laute Bettelrufe. Nach drei bis vier Wochen fliegen die Jungspechte aus.

NAHRUNG IN DER NATUR:
Insekten und deren Larven, Samen aus Zapfen, auch Eier und Jungvögel

FUTTER-VORLIEBEN:
Nüsse, geschälte Sonnenblumenkerne, Fettfutter, Insektenlarven, getrocknete Beeren

Grünspecht

Ganzjahresvogel

TYPISCH: Namengebend ist beim Grünspecht die grüne Oberseite, mit der er auf dem Rasen gut getarnt ist. Im Kontrast dazu stehen eine schwarze Gesichtsmaske und die knallrote Kopfplatte. Männchen tragen zudem einen roten „Schnurrbart". Charakteristisch ist der lachende, leicht abfallende Ruf wie „kly-kly-kly-kly-kly-kly-kly" dieser Spechtart.

WOHNORT: In lichten Wäldern, an Waldrändern, auf Streuobstwiesen, in Parks und Gärten finden sich Grünspechte ein, sofern dort der Boden zugänglich ist.

NAHRUNG: Die Hauptnahrung des Grünspechtes sind Ameisen, weshalb sich die Vögel hauptsächlich am Boden aufhalten. Mit dem Schnabel bohren sie Löcher in die Erd- oder Nadelhaufen von Ameisen, um dann mit ihrer sehr langen, klebrigen Zunge an die begehrte Beute zu kommen. Grünspechte können Ameisen in ihren Nestern auch unter einer Schneedecke ausmachen und graben dann tiefe Löcher.

FAMILIENLEBEN: Der Schnabel der Grünspechte ist weniger kräftig als der von Buntspechten, so dass das Zimmern einer Höhle bis zu drei Wochen dauern kann. In die tiefe Nisthöhle in alten, meist morschen Baumstämmen legt das Weibchen fünf bis acht Eier auf eine dünne Schicht Späne als alleiniges Nistmaterial. Nach etwas über zwei Wochen schlüpfen die Jungen, die nach weiteren vier Wochen ausfliegen.

NAHRUNG IN DER NATUR:
Vorwiegend Ameisen und deren Larven und Puppen, Insektenlarven in Baumrinde, Beeren und Früchte

FUTTER-VORLIEBEN:
Weichfutter, Obst, Insektenlarven

Rauchschwalbe

Sommervogel

TYPISCH: Deutliche Erkennungsmerkmale der Rauchschwalbe sind eine dunkel rostbraune Kehle sowie lange Schwanzspieße. Oberseits sind die Vögel dunkel (metallisch blauschwarz), unterseits weiß. Ihr Gesang ist ein klares Gezwitscher, und auch die Flugrufe wie „wid-wid" sind unverkennbar.

WOHNORT: Rauchschwalben brüten in den meisten Fällen im Inneren von Gebäuden oder unter tiefen Vorsprüngen (Brücken). Die ausgesprochenen Kulturfolger sind häufig in zugänglichen Viehställen zu finden, wo es viele Insekten, vor allem Fliegen gibt. Den Winter verbringen sie in Afrika südlich der Sahara.

NAHRUNG: Ihre Nahrung, nämlich fliegende Insekten, jagen Rauchschwalben in der Luft über offenen Flächen oder Gewässern.

FAMILIENLEBEN: Häufig brüten Rauchschwalben in lockeren Kolonien. Ihre halbkugeligen Nester sind aus Lehm oder lehmhaltiger Erde, Grashalmen und Speichel zusammengefügt. Lehmige Pfützen sind daher bei Rauchschwalben (wie übrigens auch bei Mehlschwalben) sehr beliebt. Meist nutzen die Vögel ihre vorjährigen Nester erneut und bauen sie aus, aber auch Kunstnester werden gerne angenommen. Drei bis sechs Eier werden etwa zwei Wochen vom Weibchen allein bebrütet. Etwa drei Wochen lang füttern beide Eltern dann die Jungen im Nest und nochmals zwei Wochen nach dem Ausfliegen. Jungen Schwalben können Sie oft aufgereiht sitzen sehen, wenn sie auf Futter warten.

NAHRUNG IN DER NATUR:
Insekten, vor allem Fluginsekten

FUTTER-VORLIEBEN:
Rauchschwalben kommen nicht an Fütterungen

Mehlschwalbe

Sommervogel

TYPISCH: Der Name Mehlschwalbe rührt wahrscheinlich von der komplett weißen Unterseite dieser Schwalbe, auch ihre Beine und Füße sind weiß befiedert. Oberseits ist sie blauschwarz gefärbt. Ebenso wie bei Rauchschwalben ist der Schwanz gegabelt, jedoch ohne lange Schwanzspieße.

WOHNORT: Mehlschwalben sind in vielerlei offenen oder halboffenen Lebensräumen zu finden, häufig in der Nähe von Wasser. Auch im Gebirge kann man sie antreffen. Unserer kalten Jahreszeit weichen sie aus, indem sie Richtung Süden ziehen bis südlich der Sahara.

NAHRUNG: Wie Mauersegler (Seite 92) und Rauchschwalbe ernähren sich Mehlschwalben ausschließlich von Insekten, die sie in der Luft erbeuten. Häufig kann man sie in kleinen Trupps bei der Jagd beobachten.

FAMILIENLEBEN: Die Nester der Mehlschwalben liegen an Felsen oder außen an Gebäuden. Sie verbauen Lehm, Erde, Gräser und Strohhalme zu einer bis auf ein schmales Einflugloch geschlossene Halb- oder Viertelkugel, die mit feinen Halmen, Federn und Ähnlichem ausgepolstert wird. Gegen Kotspritzer an der Hauswand können Sie schmale Bretter unter den Nestern anbringen, die den Kot auffangen. Die vier bis fünf Jungen erscheinen kurz vor dem Ausfliegen am Nesteingang. Die Eltern locken sie dann durch Rufe, das Nest zu verlassen. Sie kommen aber noch einige Tage immer wieder zurück und lassen sich insgesamt noch mehrere Wochen füttern.

NAHRUNG IN DER NATUR:
Fluginsekten

FUTTER-VORLIEBEN:
Mehlschwalben kommen nicht an Fütterungen

Mauersegler

Sommervogel

TYPISCH: Die rußschwarzen Mauersegler sind im Flug gut an ihren sichelförmigen Flügeln und dem gegabelten Schwanz zu erkennen. Besonders auffallend sind die kreischenden Rufe wie „srii, srii", die sie häufig während rasanter Flugmanöver ausstoßen.

WOHNORT: Als eine der letzten Arten kehren Mauersegler im Mai aus ihren Überwinterungsgebieten in Afrika zu uns zurück, bereits ab August sind sie wieder verschwunden. Die Vögel verbringen praktisch ihr gesamtes Leben in der Luft, nur zur Brutzeit kommen sie in Nester.

NAHRUNG: Mit ihrem breiten Schnabel fangen Mauersegler Insekten wie mit einem Kescher aus der Luft. Für den Nachwuchs werden viele Beutetiere im Kehlsack mit Speichel zu einem Futterball verpackt.

FAMILIENLEBEN: Ursprünglich lagen die Nester wahrscheinlich an Felsen, heute nutzen Mauersegler Nischen oder auch spezielle Nistkästen an allen Arten hoher Gebäude. Für die Lage sind freie An- und Abflugbahn besonders wichtig. Die Nester, die in dunklen Hohlräumen angelegt werden, bestehen aus Halmen, Federn und anderen leichten Stoffen, die die Vögel in der Luft schnappen. Das Material wird mit Speichel verklebt und so zusammengehalten. Mauersegler brüten frühestens ab dem dritten Lebensjahr. Die zwei bis drei Eier werden von Männchen und Weibchen bebrütet, die dann auch gemeinsam die Jungen versorgen. Nach durchschnittlich sieben Wochen fliegen die Jungen aus und sind sofort selbstständig. Zuvor haben sie bereits im Nest ihre Flügelmuskeln gestärkt und ihr Gewicht reduziert.

NAHRUNG IN DER NATUR:
Kleine Fluginsekten, vor allem Schwebfliegen

FUTTER-VORLIEBEN:
Mauersegler kommen nicht an Fütterungen

NAHRUNG IN DER NATUR:
Insekten, Spinnen

FUTTER-VORLIEBEN:
Fettfutter, getrocknete Insekten

Bachstelze

Sommervogel, Wintergast

TYPISCH: Die schwarz-grau-weiße Bachstelze ist mit ihrem langen Schwanz und den relativ langen Beinen unverkennbar. Schnell trippelnd läuft sie über freie Flächen, mit wippendem Schwanz. Der Gesang besteht aus wiederholtem Schwätzen wie „dschewitz". Typisch ist der zweisilbige Ruf „pe-vitt".

WOHNORT: Bachstelzen bevorzugen offene Flächen, häufig in Wassernähe. In der Feldflur sind das zum Beispiel kurze Wiesen und kahle Äcker, in Siedlungen Neubaugebiete, aber auch auf großen Parkplätzen kann man sie bei der Nahrungssuche beobachten. Nimmt der Bewuchs zu, verlassen sie die Flächen.

NAHRUNG: Mit dem feinen Pinzettenschnabel nehmen Bachstelzen Insekten und Spinnen auf.

FAMILIENLEBEN: Die becherartigen Nester aus Gras, Zweigen und Moos, gepolstert mit Tierhaaren und Federn, liegen in Nischen und Höhlungen in Steilufern, an Gebäuden, in dichter Vegetation oder Holzstapeln. Die langen Schwanzfedern werden beim Nisten oft geknickt und sind ein gutes Zeichen für eine Brut in der Nähe. Nach dem Ausfliegen können Sie bettelnde Jungvögel und fütternde Altvögel noch eine Woche gut beobachten.

WINTERGÄSTE: Bachstelzen überwintern an den Küsten von Nordsee und Atlantik. Häufig schließen sich Vögel bereits ab Spätsommer zu Trupps zusammen und ziehen gemeinsam. In den Wintergebieten kann man dann beobachten, wie große Schlafgemeinschaften in der Dämmerung in Bäume einfliegen. Tagsüber zeugen dann viele weiße Kotkleckse von diesem Schlafplatz.

Zaunkönig

Ganzjahresvogel

TYPISCH: Zusammen mit den Goldhähnchen zählt der Zaunkönig zu den kleinsten Singvögeln Europas. Beim Sitzen ist sein kurzer Schwanz steil aufgestellt. Der Gesang wechselt in Tempo und Tonhöhe und endet meist in einem Triller. Er beginnt leise und wird dann für die Größe des Vogels unerwartet laut. Typisch sind bei Aufregung metallische Rufe wie „tektek" oder „zerr".

WOHNORT: Lebensraum sind unterholzreiche Laub- und Mischwälder, wo sich Zaunkönige häufig in der Nähe von Wasser aufhalten. Sie kommen auch in Gärten und Parks mit reicher Kraut- und Strauchschicht sowie auf alten Friedhöfen vor.

NAHRUNG: Auf der Suche nach Kleintieren am Boden oder in Bodennähe huschen sie durchs Unterholz und sind dabei mit ihrem braun gemusterten Gefieder gut getarnt.

FAMILIENLEBEN: Das Männchen baut mehrere kugelige Moosnester mit seitlichem Eingang und einer Auspolsterung aus Federn und Haaren, meist in dichter Vegetation (Fassadenbegrünung, Hecke) oder Reisig, aber auch auf überdachten Balken oder Vorsprüngen an Gebäuden oder in Nisttaschen. Das Weibchen wählt eines der Nester zur Brut aus, die übrigen werden zum Schlafen genutzt. Zwei Wochen lang bebrütet das Weibchen alleine die winzigen Eier, beim Füttern der Jungen hilft dann auch das Männchen. Nach zweieinhalb Wochen verlassen die Jungen das Nest.

In kalten Nächten schlafen Zaunkönige häufig in kleinen Gruppen gemeinsam in Nistkästen oder Baumhöhlen.

NAHRUNG IN DER NATUR:
Kleine bodenlebende Wirbellose, Schnaken, Schmetterlinge, Weberknechte und Spinnen

FUTTER-VORLIEBEN:
Weichfutter, Insekten, Insektenlarven

Heckenbraunelle

Sommervogel, Wintergast

TYPISCH: Wie Mäuse huschen die graubraunen, fein gemusterten Heckenbraunellen auf der Suche nach kleinen Bodentieren und feinen Körnern weit unten in Büschen oder am Boden umher.

WOHNORT: Sie bevorzugen unterholzreiche (Nadel-)Wälder mit Freiflächen, Waldränder, Gärten und Parks. Dabei halten sie sich immer in der Nähe von Deckung auf und sind schwer zu sehen. Ihr zwitschernder, heller Gesang in wechselnden Tonhöhen verrät sie aber. Vor allem morgens singen die Männchen von niedrigen Warten aus.

FAMILIENLEBEN: Mit Vorliebe baut die Heckenbraunelle ihr napfförmiges Nest aus Ästchen mit einem inneren Napf aus Moos, feinen Gräsern und Wurzelfasern, gepolstert mit Haaren und Federn, in immergrüne Büsche oder Hecken hinein. Es ist stets sehr gut versteckt, und auch die einfliegenden Altvögel verraten seine Position nicht, denn sie fliegen nie direkt dorthin, sondern suchen das Nest über versteckte Umwege auf. Nur das Weibchen brütet, bis bereits nach 11–13 Tagen die vier bis sechs Jungen schlüpfen. Beide Eltern füttern sie knapp zwei Wochen lang im Nest und noch einige weitere Tage nach dem Ausfliegen mit kleinen Insekten und anderen Wirbellosen.

WINTERGÄSTE: Eigentlich sind Heckenbraunellen Zugvögel, die – in kleinen Etappen – maximal bis zum Mittelmeer fliegen. Neuerdings bleiben aber auch einige Vögel im Brutgebiet, wo sie zusammen mit Wintergästen aus nördlicheren Gegenden gelegentlich an Fütterungen zu sehen sind.

NAHRUNG IN DER NATUR:
Feine Sämereien, kleine Insekten, Spinnen, Würmer, Schnecken

FUTTER-VORLIEBEN:
Feine Sämereien, geschrotete Erdnüsse, Weichfutter, Fettfutter, Mehlwürmer

Rotkehlchen

Ganzjahresvogel

NAHRUNG IN DER NATUR:
Insekten und deren Larven, Würmer, Beeren und Früchte, feine Sämereien

FUTTER-VORLIEBEN:
Feine Sämereien, Weichfutter, Fettfutter, Erdnussbruch, Insekten und Larven, Obst und Beeren

TYPISCH: Unverkennbares Merkmal des Rotkehlchens ist der orangerote Brustlatz im graubraunen Federkleid. Auffällig sind die großen, schwarzen Knopfaugen. Der sehr klare Gesang aus kurzen, melancholisch verklingenden Strophen ist fast das ganze Jahr über zu hören. Auch die Weibchen singen. Bei Gefahr lassen Rotkehlchen ein klickendes „tick-ick-ick" hören.

WOHNORT: Rotkehlchen kommen in allen Arten von Wäldern vor, aber auch in Gärten und Parks und sogar auf Plätzen mit dichtem Buschwerk in Städten, wie Fahrbahnmittelstreifen oder Grüninseln.

NAHRUNG: Hauptsächlich fressen sie Insekten und deren Larven, die sie von einer niedrigen Warte aus oder beim Umherhüpfen am Boden erbeuten. Je nach Jahreszeit nehmen sie auch gerne Beeren, im Winter auch feine Sämereien.

FAMILIENLEBEN: In der Regel brüten Rotkehlchen zweimal pro Jahr in gut versteckten Nestern in bodennahen Höhlungen, Reisighaufen, Holzstapeln, Halbhöhlen-Nistkästen, Gebäudenischen oder dornigem Gestrüpp. Durch seine Bodennähe ist das Nest durch Räuber wie Katzen gefährdet. Da junge Rotkehlchen auch nach dem Ausfliegen häufig am Boden sitzen, überleben nur wenige den ersten Sommer.

AN DER FÜTTERUNG: Rotkehlchen, die im Winter nicht wegziehen, besetzen bei uns Nahrungsreviere, und zwar Männchen ebenso wie Weibchen. An Futterstellen im Winter sind daher meist nur ein bis zwei Rotkehlchen zu beobachten.

Hausrotschwanz

Sommervogel

TYPISCH: Die rußgrauen Männchen des Hausrotschwanzes sind deutlich an den orangeroten Schwanzfedern und Bürzel zu erkennen. Weibchen sind graubraun mit ebenfalls rotem Schwanz. Der Gesang wirkt gepresst knirschend und läuft in einem Triller aus. Die Männchen tragen ihn von hohen Warten aus vor.

WOHNORT: Ursprünglicher Lebensraum sind Landschaften mit Felsen, zum Beispiel gebirgige Schluchten, heute auch Steinbrüche. Siedlungen werden als Ersatzlebensraum genutzt, Hausgiebel oder Antennen dienen als hohe Warten für den Vortrag des Gesangs.

NAHRUNG: Insekten stellen die Hauptnahrung dar. Sie werden meist am Boden gesucht und häufig auch im Flug gefangen, wobei die Vögel in Bodennähe kurze Zickzackflüge vollführen oder von einer höher gelegenen Warte aus starten.

Hausrotschwänze sind Zugvögel, die relativ früh ins Brutgebiet zurückkommen und dann gerne an Futterstellen fressen. In Gegenden mit milden Wintern bleiben einige wenige Vögel mittlerweile auch ganzjährig im Brutgebiet.

FAMILIENLEBEN: Ihre Nester liegen in halboffenen Nischen, auf überdachten Balken und Brettern oder in Halbhöhlen-Nistkästen. Sie bestehen aus Gräsern, Blättern und Moos und sind mit Federn und Haaren gepolstert. Die Vögel nutzen eigene alte Nester genauso wie die von anderen Vogelarten wieder. Vier bis sechs Eier werden allein vom Weibchen bebrütet, bis nach etwa zwei Wochen die Jungen schlüpfen und weitere zwei Wochen später ausfliegen.

NAHRUNG IN DER NATUR:
Insekten und deren Larven, Spinnen, Beeren

FUTTER-VORLIEBEN:
Weichfutter, Insekten und Larven

Amsel

Ganzjahresvogel

TYPISCH: Amseln sind heute einer der häufigsten Gartenvögel. Während die Männchen schwarz sind mit gelbem Schnabel, sind die Weibchen dunkelbraun gefärbt. Charakteristisch ist der melodisch flötende Gesang, den die Männchen von früh morgens bis zur Abenddämmerung hören lassen. Bei Gefahr „tixen" sie wie Rotkehlchen, beim Anflug zum Schlafplatz am Abend zetern sie häufig laut.

WOHNORT: Sie leben ganzjährig in Gärten und Parks, im Spätsommer und Herbst kommen sie vermehrt auch wieder aus den Wäldern, vor allem wenn es Fallobst und Beeren gibt.

NAHRUNG: Bei Amseln besonders beliebt sind Regenwürmer, die sie auf kurzrasigen Flächen oder im Komposthaufen suchen. Im Herbst und Winter verraten sich Amseln oft durch laut raschelnde Blätter, wenn sie bei der Nahrungssuche die Laubstreu durchwühlen. Im Winter sind sie sehr häufig an Futterhäusern, Futtertischen und am Boden zu beobachten.

FAMILIENLEBEN: Die Nester liegen frei in Sträuchern, Hecken oder Fassadenbegrünung, aber auch allen möglichen Nischen an Gebäuden, Schuppen und Holzstapeln. Sie sind halbkugelförmig und bestehen aus Grashalmen. Die Mulde ist mit feuchter Erde ausgekleidet und mit Federn gepolstert. Junge Amseln machen nach dem Ausfliegen durch laute Bettelrufe auf sich aufmerksam.

Amseln baden gerne, so dass Sie große Chancen haben, die Vögel mit einem Vogelbad oder Teich in den Garten zu locken.

NAHRUNG IN DER NATUR:
Würmer, Schnecken, Insekten und deren Larven, Beeren, Früchte, Fallobst

FUTTER-VORLIEBEN:
Fettfutter, geschrotete Erdnüsse, frische und getrocknete Beeren, Äpfel, Weichfutter, Insekten und Larven

Singdrossel

Sommervogel , Ganzjahresvogel

TYPISCH: Singdrosselmännchen und -weibchen sind beide gleich gefärbt: oberseits graubraun, die Unterseite ist hell mit dunklen Sprenkeln. Selbst gerade ausgeflogene Jungvögel tragen schon diese Zeichnung. Ihr abwechslungsreicher, lauter Gesang ist an mehrmals wiederholten Motiven gut zu erkennen. Die Männchen singen vor allem in der Abenddämmerung. Gelegentlich ahmen sie auch die Stimmen anderer Vogelarten oder Töne aus der Welt der Menschen nach.

WOHNORT: Singdrosseln brüten in Wäldern, Parks und Gärten mit offenen Flächen, in dichten Siedlungen trifft man sie dagegen seltener an. Einige Singdrosseln überwintern im Mittelmeerraum, andere bleiben auch im Winter bei uns.

NAHRUNG: Schnecken sind eine Spezialität für Singdrosseln. Im Gegensatz zu Amseln fressen sie auch Gehäuseschnecken, die sie auf eine steinige Unterlage schlagen, um das Schneckenhaus zu zertrümmern und an das weiche Fleisch zu gelangen. Diese Nahrungsplätze nennt man Drosselschmieden.

FAMILIENLEBEN: Die gut in Büschen und Hecken oder in Mauernischen und auf Gebäudevorsprüngen versteckten Nester ähneln denen von Amseln, sind jedoch innen nicht mit Erde, sondern mit einer Masse aus Holzfasern und Speichel ausgekleidet und nicht ausgepolstert. In zwei bis drei Jahresbruten ziehen Singdrosseln jeweils vier bis sechs Junge groß.

NAHRUNG IN DER NATUR:
Würmer, Schnecken, Insekten und deren Larven, Beeren und Früchte

FUTTER-VORLIEBEN:
Beeren und Obst, Weichfutter, Fettfutter, geschrotete Erdnüsse, Mehlwürmer

Mönchsgrasmücke

Sommervogel

TYPISCH: Den Namen hat die Mönchgrasmücke von der schwarzen Kopfplatte des Männchens, bei Weibchen ist diese braun. Das übrige Federkleid der Vögel ist grau ohne Zeichnung. Sie sind im Dickicht nur schwer zu entdecken. Wenn ein Männchen seinen schwätzenden, teilweise laut flötenden Gesang vorträgt, kann man den Vogel noch am ehesten ausmachen. Der Ruf ist ein schmatzendes, hartes, „tek“.

WOHNORT: Man findet Mönchsgrasmücken vor allem in unterholzreichen Wäldern und üppigen Gärten mit vielen Sträuchern. Sie überwintern im westlichen Mittelmeerraum und seit einigen Jahrzehnten auch auf den Britischen Inseln.

FAMILIENLEBEN: Die Nester aus locker verflochtenen Grashalmen, Wurzelfasern und kleinen Ästen, mit Gras und Haaren gepolstert, liegen fast immer unter 1 m Höhe im Gebüsch und sind sehr anfällig gegenüber Nesträubern wie Katzen. Mönchsgrasmücken brüten meist nur einmal im Jahr drei bis sechs Eier aus. Beim Brüten und Füttern wechseln sich die Eltern ab. Nachdem die Jungen im Alter von etwa 14 Tagen ausgeflogen sind, werden sie noch zwei bis drei Wochen von den Altvögeln versorgt. Bereits ältere Junge werden auch mit Beeren gefüttert.

AN DER FÜTTERUNG: Einige der Zugvögel kommen recht früh ins Brutgebiet zurück, wo sie gerne auch an Fütterungen fressen. Mönchsgrasmücken bleiben gerne in Deckung, so dass Sie am besten einen mit Beeren angereicherten Fettfutterblock in einem Busch aufhängen.

NAHRUNG IN DER NATUR:
Insekten und deren Larven, Spinnen, Beeren und Früchte

FUTTER-VORLIEBEN:
Weichfutter, Fettfutter, getrocknete Insekten, Beeren und Obst

Zilpzalp

Sommervogel, Durchzügler

TYPISCH: Unverkennbar ist der Gesang des graugrün bis graubraunen Zilpzalps, denn er singt seinen Namen „zilp zalp zilp zalp", mit kleinen Variationen wie „zelp" oder „zlp". Durch ihre weiße Unterseite sind die kleinen Vögel im Geäst gegen den Himmel fast nicht zu sehen.

WOHNORT: Zilpzalpe kommen in Lebensräumen mit Bäumen und Krautschicht vor, außer in Wäldern sind sie auch in Gärten und Parks zu finden. Im Kronenbereich der Bäume suchen sie nach Nahrung, in der bodennahen Vegetation legen sie ihre Nester an.

NAHRUNG: Die Hauptnahrung sind kleine Insekten. Nach dem Eintreffen im Brutgebiet und auf dem Durchzug im Frühjahr sieht man Zilpzalpe häufig in der Nähe von Bächen nach Nahrung suchen. Auf dem Herbstzug stärken sie sich gerne an Beeren und Früchten.

FAMILIENLEBEN: Das kugelige Nest besteht aus Moos und Pflanzenfasern und ist eine aufwändige Konstruktion. Allein zur Auspolsterung werden etwa 200 Federn verwendet. Durch die Nähe zum Boden (meist liegt das Nest in weniger als 1 m Höhe) ist ein Zilpzalp-Nest besonders anfällig gegenüber Katzen. Haben die Weibchen im Mai vier bis sechs Eier gelegt, verstummt der Reviergesang der Männchen. Zwei Wochen brütet das Weibchen, und zwar alleine, anfangs füttert es dann auch die Jungen allein. Später schafft auch das Männchen kleine Insekten herbei, bis die Jungen nach zwei Wochen ausfliegen.

NAHRUNG IN DER NATUR:
Kleine Insekten, Larven und Puppen, im Frühjahr auch Pollen, im Herbst und Winter auch Beeren und Früchte

FUTTER-VORLIEBEN:
Zilpzalpe kommen nicht an Fütterungen

Haubenmeise

Ganzjahresvogel

TYPISCH: Die braungraue Haubenmeise hat ihren Namen von dem weiß-grauen Federhäubchen am Kopf. Dieses ist außer bei der Nahrungssuche im dichten Gezweig immer aufgestellt. Den weißen Kopf zieren zudem eine schwarze Kehle, Kragen und Augenstreifen. Als Gesang werden die beiden Rufe „zizi“ und „gürrr“ in unterschiedlicher Weise aneinandergereiht.

WOHNORT: Haubenmeisen brüten in Nadelwäldern, Parks und Gärten mit Nadelbäumen oder -sträuchern. Sie sind sehr standorttreu, kommen im Winter aber auch vermehrt an Fütterungen in Gärten.

NAHRUNG: Im Sommer fressen sie vor allem Insekten, deren Larven und kleine Spinnen, die sie zwischen den Nadeln suchen. Im Winter sind Sämereien, in erster Linie die Samen von Nadelbäumen, ihre Hauptnahrung.

FAMILIENLEBEN: Ihre Moosnester legen Haubenmeisen in Höhlen an, die sie selber in morsches Holz hacken, vorzugsweise in Stämme von Erle, Pappel oder Birke. Oft ist der Stamm nur wenig dicker als die Höhlenbreite (zum Teil unter 10 cm). Manchmal versuchen sie, ihre Bruthöhle an beschädigten Stellen im Dämmmaterial von Häusern auszubauen. Doch wenn verfügbar, nutzen sie auch Spechthöhlen als Nachmieter und nehmen gerne Nistkästen an. Ab März bebrütet das Weibchen etwa zwei Wochen lang vier bis acht Eier. Dabei wird es vom Männchen gefüttert. Beide Eltern schaffen Nahrung für die Jungen herbei, die nach drei Wochen ausfliegen und nochmals drei Wochen weiter versorgt werden.

NAHRUNG IN DER NATUR:
Insekten und Larven, Spinnen, Baumsamen (Nadelbäume)

FUTTER-VORLIEBEN:
Sämereien, auch Sonnenblumenkerne

Blaumeise

Ganzjahresvogel

TYPISCH: Die Blaumeise ist eine der wenigen unserer Gartenvogelarten, die blaue Federn tragen. Ihr Gefieder ist unterseits gelb, oberseits blau mit blauer Kopfplatte, weißem Gesicht und schwarzem Augenstreifen. Auffällig ist der zierliche Schnabel.

WOHNORT: Der bevorzugte Brutlebensraum von Blaumeisen sind Laubwälder, sie brüten aber auch häufig in Parks und Gärten. Hier verrät sie der Gesang aus hellen, mehrmals wiederholten Strophen wie „tsi-tsi-dididid".

AN DER FÜTTERUNG: Blaumeisen kommen vor allem im Winter häufig zu mehreren an Fütterungen in Gärten. Schnell sind sie da und ebenso rasch wieder weg. Sie nehmen häufig Sonnenblumenkerne mit, um diese in Ruhe auf einem nahen Ast zu verzehren. Sehenswert ist ihre Akrobatik an hängenden Futtereinrichtungen, vor allem solchen mit Fettfutter.

FAMILIENLEBEN: Um Bruthöhlen in Baumstämmen und Nistkästen konkurrieren sie mit anderen Meisenarten, Sperlingen und Staren. In Nistkästen mit einem Einflugloch von 25–28 mm passen die anderen Arten jedoch nicht hinein. Bis zu 14 Eier kann das Nest aus Moos, trockenen Halmen und anderem feinem Material enthalten. Nach zwei Wochen schlüpfen die Jungen, die weitere zwei Wochen gefüttert werden, bevor sie innerhalb weniger Stunden das Nest verlassen. Sie werden in der näheren Umgebung noch einige Tage gefüttert, bis sie selbstständig sind.

NAHRUNG IN DER NATUR:
Kleine Insekten und deren Larven (Raupen), kleine Spinnen, Blattläuse, Knospen und Blüten, Samen und Beeren

FUTTER-VORLIEBEN:
Sonnenblumenkerne, Erdnussbruch, Fettfutter; sind gerne an hängendem Fettfutter

Kohlmeise

Ganzjahresvogel

TYPISCH: Die Kohlmeise ist die größte unserer heimischen Meisenarten. Deutlich kontrastiert die gelbe Unterseite mit dem schwarzen Kopf mit weißen Wangen. Das Schwarz der Kehle reicht in einem Streifen über die Brust bis zwischen die Beine. Bei Männchen sind die Streifen gleichmäßiger breit, bei Weibchen zulaufend schmaler und blasser. Der laute Ruf der Kohlmeise klingt wie wiederholtes „zi-zi-dä". Daneben ruft sie auch ähnlich wie Buchfinken „pink-pink".

WOHNORT: Wie die Blaumeise ist die Kohlmeise eigentlich ein typischer Waldvogel, wobei sie eher in den unteren Kronenbereichen zu finden ist. Auch am Boden sucht sie nach Fressbarem. Hauptnahrung zur Jungenaufzucht sind Raupen, von denen es im Laubwald mehr gibt als anderswo.

FAMILIENLEBEN: Das Nest aus Moos und trockenen Grashalmen, gepolstert mit Federn und Haaren, liegt in Baumhöhlen, Nistkästen, Mauernischen und allen anderen Arten von Nischen. Die Brut dauert zwei Wochen, nach weiteren drei Wochen fliegen die Jungen aus, werden aber noch weiter betreut.

AN DER FÜTTERUNG: Je breiter der Bruststreifen umso dominanter der Vogel. Das lässt sich am Futterhaus gut beobachten, wenn mehrere Kohlmeisen gleichzeitig dort sind. Auch andere Meisenarten werden verscheucht. Am besten, Sie bieten mehrere Futterstellen an, zum Beispiel Futtersilos und Futterkuchen. Kohlmeisen bleiben länger an Fütterungen sitzen als Blaumeisen und fressen einen Kern nach dem anderen.

NAHRUNG IN DER NATUR:
Ölreiche Samen, Früchte, zur Brutzeit Insekten, deren Larven (Raupen), Spinnen

FUTTER-VORLIEBEN:
Sonnenblumenkerne, Erdnüsse, Walnüsse, Fettfutter

Tannenmeise

Ganzjahresvogel

TYPISCH: Die Tannenmeise ist die kleinste Meisenart Europas. Die grau und schmutzig weißen Vögel tragen einen schwarzen Kopf, weiße Wangen und einen weißen Nackenfleck. Der Gesang ähnelt dem der Kohlmeise, ist aber schneller und heller.

WOHNORT: Sie leben in Nadelwäldern, Gärten mit Koniferen und auf alten Friedhöfen, wo sie in den Zweigen mit ihrem feinen, aber kräftigen Schnabel zwischen den Nadeln nach Insekten und kleinen Raupen suchen.

FAMILIENLEBEN: Das Nest wird in Höhlungen, Ritzen und kleinen Nischen an Bäumen oder Mauern gebaut. Es besteht aus Moos und ist mit Haaren gepolstert. Auch Nistkästen werden besetzt, wobei Tannenmeisen den konkurrierenden Arten meist unterlegen sind. An Nadelbäumen befestigte Nistkästen mit Einfluglöchern unter 28 mm sind für sie günstig. Ihre Gelege bestehen meist aus zehn Eiern. Nur das Weibchen brütet die Eier aus, Futter schaffen dann beide Eltern herbei. Mit etwa drei Wochen fliegen die Jungmeisen aus und werden noch eine weitere Woche in einem Unterschlupf betreut. Bei Tannenmeisen kommt es vor, dass eine neue Brut begonnen wird, bevor die alte ausgeflogen ist.

AN DER FÜTTERUNG: Bevorzugte Nahrung im Winter sind Bucheckern und andere Baumsamen. Bei geringer Samentracht im Wald kommen Tannenmeisen vermehrt in Gärten und an Fütterungen. Weil sie Samen oft von der Futterstelle wegtragen und kurzzeitige Vorräte anlegen, sollten Sie ihnen Sonnenblumenkerne mit Schale anbieten.

NAHRUNG IN DER NATUR:
Insekten und deren Larven, Spinnen, Zapfensamen, Bucheckern

FUTTER-VORLIEBEN:
Sonnenblumenkerne (mit Schale), Erdnüsse, Sämereien, Fettfutter

Schwanzmeise

Ganzjahresvogel

TYPISCH: Auffälligstes Merkmal der kleinen Schwanzmeisen ist der extrem lange Schwanz, der länger ist als Kopf und Rumpf zusammen. Das Gefieder ist schwarz-weiß gefärbt mit rosabräunlicher Zeichnung. Bezeichnend ist zudem der winzige Schnabel.

WOHNORT: Eigentlicher Lebensraum der Schwanzmeisen sind buschreiche Laub- und Mischwälder, sie brüten aber auch in Gärten und Parks.

NAHRUNG: Ihre Hauptnahrung besteht aus kleinen Insekten. Außerhalb der Brutzeit sind Schwanzmeisen bei der Nahrungssuche immer in kleinen Trupps unterwegs. Dabei sind sie über feine Rufe wie „tsi-tsi-tsi…" immer in Kontakt miteinander.

FAMILIENLEBEN: Schwanzmeisen sind keine echten Meisen. Statt in Höhlen zu brüten, bauen sie in dichten Büschen in Bodennähe oder hoch in Zweiggabelungen in Bäumen ein kunstvolles, kugelförmiges Nest mit dicken Wänden und seitlichem Eingang. Es besteht aus Moos und Grashalmen und ist außen mit Spinnweben, Flechten und Birkenrindenfasern verkleidet. Für die Auspolsterung tragen die Erbauer bis zu 3000 kleine Federchen zusammen. Beide Altvögel brüten und füttern anschließend auch die Jungen gemeinsam.

Im Winter schlafen Schwanzmeisen in dichter Deckung auf einem Ast, eng aneinandergereiht, um Energie zu sparen. Dennoch sind die Verluste in kalten Wintern oft groß. Durch eine hohe Nachkommenzahl von sieben bis zwölf Jungen pro Jahr können sie aber meist rasch wieder ausgeglichen werden.

NAHRUNG IN DER NATUR:
Kleine Insekten und Spinnen, Pflanzenteile (Knospen)

FUTTER-VORLIEBEN:
Fettfutter

Kleiber

Ganzjahresvogel

TYPISCH: Der Kleiber ist der einzige unserer Singvögel, der kopfüber und kopfunter an Baumstämmen klettern kann. Die schlanken, graublauen Vögel mit hellrostfarben bis kastanienbrauner Unterseite erinnern in ihrer Gestalt an kleine Spechte. Vom Schnabel bis zum Nacken zieht sich ein schwarzer Augenstreifen. Ihr Gesang tönt durchdringend und laut, unter anderem wie „witwitwit".

WOHNORT: In Wäldern, Parks und Gärten brüten Kleiber in Höhlen. Dabei werden die Einfluglöcher von Baumhöhlen ebenso wie von Nistkästen mit Lehm oder Erde auf ein passendes Maß zugekleistert. Interessanterweise sind, auch wenn in der Nähe der Bruthöhle keine Kiefern wachsen, immer die Rindenschuppen von Waldkiefern im Nest zu finden. Für dieses Nistmaterial fliegen Kleiber schon mal weite Strecken.

NAHRUNG: Neben Insekten verzehren Kleiber vor allem Baumsamen, die sie in Ritzen festklemmen und mit dem Schnabel aufhämmern. Das ganze Jahr über legen sie in Rindenritzen Vorräte an, häufig mit Moos und Flechten getarnt. Männchen und Weibchen, die ganzjährig gemeinsam ein Revier bewohnen, kennen ihre Nahrungsverstecke und Futterquellen gut.

AN DER FUTTERSTELLE: Gibt es in einem Jahr wenig Bucheckern, kommen Kleiber im Winter vermehrt an Futterstellen in Gärten. Häufig sind sie an hängenden Futterhilfen zu beobachten, von denen sie andere Vogelarten aggressiv vertreiben. Nüsse und Kerne werden auch weggetragen und versteckt.

NAHRUNG IN DER NATUR:
Spinnen, Insekten, Nüsse und Baumsamen (Eicheln, Bucheckern)

FUTTER-VORLIEBEN:
Erdnüsse, Sonnenblumenkerne (auch mit Schale), Fettfutter, Beeren

Elster

Ganzjahresvogel

TYPISCH: Grundfarbe des Elsterngefieders ist kontrastreiches Schwarz-Weiß. Bei entsprechendem Licht schillern die schwarzen Federpartien bunt metallisch. Besonders auffällig ist der lange Schwanz. Unverwechselbar sind das laute „tschak-tschak" und intensives „Schackern" bei Gefahr.

WOHNORT: Elstern kommen in fast allen Lebensräumen vor, mittlerweile auch häufig in Siedlungen und Städten. Als Neststandort brauchen sie hohe Bäume, daher brüten sie in großen Parks, Alleen und alten Friedhöfen häufiger als in Hausgärten.

NAHRUNG: Bei der Nahrungswahl sind Elstern sehr flexibel. Mit ihrem kräftigen Schnabel können sie fast alles bewältigen, von Insekten über Sämereien, Vogeleier und Aas bis zu Speiseabfällen. Meistens suchen sie ihre Nahrung am Boden. An Futterstellen verjagen sie erst einmal alle anderen Vögel und fressen dann zum Beispiel zu Boden gefallene Getreidekörner oder Obst.

FAMILIENLEBEN: In hohen Bäumen wird ein großes, kugelförmiges Nest aus Zweigen mit einem Dach aus (dornigen) Ästen errichtet, das innen mit Erde und Pflanzenmaterial ausgelegt ist. Nest, Eier und Jungvögel werden vehement gegen Störenfriede verteidigt. Während das Weibchen die fünf bis sieben Eier bebrütet, wird es vom Männchen gefüttert. Nach nur zweieinhalb Wochen schlüpfen die Jungen, die jeweils vier Wochen im Nest und nach dem Ausfliegen gefüttert werden.

NAHRUNG IN DER NATUR:
Insekten und deren Larven, Würmer, kleine Wirbeltiere, Vogeleier, Aas, Zivilisationsabfälle, Sämereien, Beeren und Früchte

FUTTER-VORLIEBEN:
Nüsse, Sonnenblumenkerne, Getreidekörner, Obst, Mehlwürmer

Star

Sommervogel, Wintergast

TYPISCH: Wenn die meisten der bei uns brütenden Stare im Herbst zur Überwinterung in den Mittelmeerraum ziehen, ist ihr Gefieder mit weißen Punkten übersät. Bis zur ihrer Rückkehr im März haben sich diese hellen Federspitzen abgenutzt und die Vögel scheinen einfarbig schwarz mit metallisch grün-blau-violett schillerndem Gefieder.

Ab März singen Starenmännchen laut von einer hohen Warte aus mit langen Pfeiftönen und leise klirrenden Lauten, häufig imitieren sie auch andere Vogelarten oder Geräusche.

NAHRUNG: Neben Kleintieren sind Kirschen, Holunderbeeren und Weintrauben bei Staren sehr beliebt und von kleinen Scharen auch schnell weggefressen. Auch Tränken und Vogelbäder werden gerne besucht.

FAMILIENLEBEN: Während das Weibchen in einer Höhle, Nische oder einem Nistkasten im Nest aus Pflanzenmaterial seine vier bis sechs Eier bebrütet, singt das Männchen oft in der Nähe oder vom Dach des Nistkastens. Drei Wochen werden die Jungen nach dem Schlupf von beiden Altvögeln gefüttert. Nur wenige Tage nach dem Ausfliegen sind sie selbstständig.

AN DER FÜTTERUNG: Stare, die im Winter an Fütterungen kommen, brüten in der Regel in nördlicheren Regionen und kommen als Wintergäste zu uns. Sie gehören zu den Vögeln, die Kerne aus Futterstellen räumen und nur die begehrtesten Körner fressen. Häufig kommen mehrere Stare zugleich an Futterstellen. Besonders gerne fressen sie frisches und getrocknetes Obst.

NAHRUNG IN DER NATUR:
Würmer, Insekten und deren Larven, Spinnen, Schnecken, Beeren, Früchte, Sämereien

FUTTER-VORLIEBEN:
Weichfutter, Fettfutter, Sämereien, Obst, Mehlwürmer

Feldsperling

Ganzjahresvogel

TYPISCH: Beide Geschlechter sind gleich gefärbt: oberseits braun mit schwarzen und weißen Zeichnungen, unterseits hellgrau, die Kopfplatte schokoladenbraun. Ein gutes Unterscheidungsmerkmal zum Haussperling ist der schwarze Wangenfleck. Wo Feldsperlinge vorkommen, hört man ständig ein endlos wiederholtes Tschilpen wie „tschrep", sowie den charakteristischen Flugruf „tet".

WOHNORT: Der Feldsperling ist ein typischer Bewohner der offenen Landschaft mit Waldrändern und Feldgehölzen. Im Gegensatz zum Haussperling ist er eher in ländlichen Siedlungen als in Städten zu finden.

NAHRUNG: Erwachsene Vögel fressen fast ausschließlich Sämereien. Im Spätsommer und Herbst finden sich Feldsperlinge in Hecken, an Feldrainen und auf Brachflächen ein, wo Gräser und Stauden Samen tragen. Im Winter kommen sie vermehrt auch an Fütterungen.

FAMILIENLEBEN: Feldsperlinge brüten in allen Arten von Höhlungen, wobei keine Reviere festgelegt werden. Brutpaare siedeln häufig nah beieinander in kleinen Kolonien. Vier bis sechs Eier werden in einem Napfnest aus trockenem Stroh, Gras und Laub, weich ausgepolstert, knapp zwei Wochen bebrütet. Die Jungen bleiben weitere zwei Wochen im Nest. Auch lange nach dem Ausfliegen kann man noch bettelnde, flügelzitternde Jungvögel beobachten. Außerhalb der Brutzeit sind die sehr geselligen Vögel in kleinen Schwärmen unterwegs.

NAHRUNG IN DER NATUR:
Sämereien von Gras und Kräutern, Knospen, Insekten und deren Larven zur Jungenaufzucht, Zivilisationsabfälle

FUTTER-VORLIEBEN:
Getreidekörner, Erdnüsse, Sonnenblumenkerne, Sämereien (z. B. Hirse), Fettfutter, Mehlwürmer

Haussperling

Ganzjahresvogel

TYPISCH: Die Männchen sind oberseits hauptsächlich braun gefärbt mit grauer Kopfplatte, die Unterseite ist grau mit schwarzem Kehllatz. Die Weibchen sind unscheinbar grau-beige gemustert. Der charakteristische Laut des Haussperlings oder Spatz ist „tschilp", häufig auch aneinandergereiht. Das Tschilpen der sehr geselligen Vögel ist oft aus Hecken und Sträuchern zu hören. Baden in Sand ist bei beiden Sperlingsarten eine beliebte Methode zur Gefiederpflege.

WOHNORT: Im Gegensatz zum Feldsperling ist der Spatz ein ausgesprochener Kulturfolger, den man nur in der Nähe des Menschen bis in die Citys von Großstädten findet.

FAMILIENLEBEN: Haussperlinge brüten gerne in Kolonien, mit Abständen von unter 1 m voneinander. Ihre Nester liegen in allen Arten von Höhlungen an Gebäuden, unter Dachziegeln und Verkleidungen, gerne auch in Nistkästen. Das Nest selbst ist eine unordentliche Kugel aus Stroh, Gras, Blättern und Federn. Wie beim Feldsperling füttern die Vogeleltern ihre Jungen ausschließlich mit Insekten. Ein bis vier Bruten mit jeweils drei bis sechs Jungen sind pro Jahr möglich.

GEFÄHRDUNG: Obwohl der Haussperling bei uns zu den häufigsten Vögeln zählt, nehmen seine Bestände seit Jahrzehnten fast überall ab. Grund für diese Bestandseinbrüche sind zum Beispiel Mangel an Brutmöglichkeiten, Nahrungsmangel sowie Mangel an Sandkuhlen zum Baden. Im Garten können Sie Haussperlingen daher mit entsprechender Ausstattung wirklich helfen.

NAHRUNG IN DER NATUR:
Samen, Knospen, Insekten, Zivilisationsabfälle

FUTTER-VORLIEBEN:
Sonnenblumenkerne, Nüsse, Sämereien (z. B. Hirse), Mehlwürmer

Buchfink

Ganzjahresvogel, Wintergast

TYPISCH: Mit seiner rotbraunen Unterseite, dem braunen Rücken und graublauen Kopf ist das Buchfinkenmännchen einer unserer buntesten Gartenvögel. Im Flug sind deutlich weiße Binden auf den schwarzen Flügeln zu sehen, ebenso bei den ansonsten graugrünen Weibchen.

WOHNORT: Als typischer Waldvogel hat der Buchfink auch Parks und Gärten mit Bäumen als Lebensraum angenommen. Schon ab Februar ist sein charakteristischer Gesang zu hören. Er besteht aus schneller werdenden, abfallend geschmetterten Tönen mit einem unverwechselbaren Schnörkel am Ende. Die Alarmrufe bei Gefahr klingen wie „pink" („Fink"), der sogenannte Regenruf hört sich an wie „schrütt" und wird tatsächlich eher bei bedecktem Himmel geäußert.

NAHRUNG: Der Buchfink trägt seinen Namen nicht von ungefähr, seine Lieblingsnahrung im Winter sind Bucheckern. Aber auch viele andere Samen von Kräutern und Bäumen werden gefressen. Ihre Nahrung suchen Buchfinken hauptsächlich am Boden. Bei Fütterungen bedienen sie sich auch in Häuschen, auf Futtertischen oder an Futtersilos.

FAMILIENLEBEN: Das kunstvoll mit Spinnweben und Flechten getarnte Nest, das in Astgabeln von Bäumen oder Büschen sitzt, wird vom Weibchen alleine gebaut. Es bebrütet auch die vier bis fünf Eier allein. Währenddessen bewacht das Männchen aber seine Partnerin und vertreibt vehement andere Männchen. Beide Eltern füttern dann die Jungen, zunächst nur mit Insekten, später auch mit halbreifen, noch weichen Sämereien.

NAHRUNG IN DER NATUR:
Insekten, Sämereien (Baumsamen)

FUTTER-VORLIEBEN:
Nüsse, Sonnenblumenkerne, Sämereien

Bergfink

Wintergast

TYPISCH: Das Gefieder ist hauptsächlich rostrot und schwarz-weiß gefärbt. Im Brutkleid, das man bei uns allerdings fast nie zu sehen bekommt, ist der Kopf der Männchen tiefschwarz gefärbt, im Winter ist er bei beiden Geschlechtern beige-braun mit dunkler Zeichnung. Ihr Ruf klingt wie ein gequetschtes „dschäe", im Flug rufen sie kurz „tjek".

WOHNORT: Das Brutgebiet der Bergfinken liegt in den Nadel-, Laub- und Mischwäldern Norwegens bis Ostasiens. Im Winter kommen sie jedoch häufig als Wintergäste nach Mitteleuropa, wobei die Zahl der einfliegenden Vögel von Jahr zu Jahr sehr stark schwanken kann. Sie sind dann in Buchenwäldern, Parks und Gärten anzutreffen.

NAHRUNG: Während Bergfinken im Sommer vorwiegend Insekten fressen, ziehen sie im Winter auf der Suche nach Baumsamen (mit Vorliebe Bucheckern) südwärts bis in den Mittelmeerraum. Dabei bilden sie meist kleine Gruppen bis hin zu Schwärmen aus mehreren hundert Vögeln. Auf dem Zug und im Winterquartier schlafen sie in großen Gesellschaften auf Bäumen.

AN DER FÜTTERUNG: Auch an Fütterungen, wo sie besonders gern Sonnenblumenkerne fressen, sind Bergfinken gewöhnlich zu mehreren zu beobachten. Gelegentlich ziehen sie zusammen mit Buchfinken auf der Suche nach Nahrung umher. Dann können Sie gut die Gemeinsamkeiten und Unterschiede dieser nahe verwandten Arten studieren.

NAHRUNG IN DER NATUR:
Insekten, Baumsamen (Bucheckern), Sämereien

FUTTER-VORLIEBEN:
Sonnenblumenkerne, Sämereien

Kernbeißer

Ganzjahresvogel, Wintergast

TYPISCH: Die recht bunten Kernbeißer sind mit ihrer gedrungenen Gestalt und dem großen, dicken Schnabel unverkennbar. Sie rufen melodisch „zieht" oder hart „ziks", wobei man etwas genauer hinhören muss, um die leisen Laute zu vernehmen.

WOHNORT: Kernbeißer brüten in dichten Mischwäldern, an Waldrändern und in Parks mit großen Bäumen. In Gärten kommen sie meist nur zu Futterstellen, wo sich im Winter dann auch zugezogene Artgenossen aus weiter östlich liegenden Brutgebieten einfinden.

FAMILIENLEBEN: Hoch auf Laubbäumen wird in einer Astgabel zunächst eine recht große Unterlage aus Ästchen gebaut, sodann darauf das eigentliche Nest aus feinen Halmen. Im Gegensatz zu vielen anderen Singvogelarten sind die Jungen, die nach zwei Wochen Brutzeit schlüpfen und noch weitere zwei Wochen im Nest bleiben, wenige Tage nach dem Ausfliegen voll flugfähig.

AN DER FÜTTERUNG: Mit ihrem mächtigen Schnabel vermögen Kernbeißer nahezu alle Arten von Samen bis hin zu Pflaumenkerngröße zu knacken. An Futterstellen fressen sie vor allem Sonnenblumenkerne und Nüsse. Dabei lassen sie sich gut beobachten, denn aufgrund ihrer Größe werden sie so gut wie nie von anderen Vögeln vertrieben. Auch mit Laubgehölzen, die bis in den Winter hinein Beeren tragen, können Sie Kernbeißer oft anlocken.

NAHRUNG IN DER NATUR:
Früchte und hartschalige Samen (Kirschkerne), Knospen, junges Grün von Pflanzen, gelegentlich Insekten

FUTTER-VORLIEBEN:
Große Samen, Sonnenblumenkerne, Nüsse, Beeren an Bäumen und Sträuchern

Girlitz

Sommervogel, Wintergast

TYPISCH: Besonderes Merkmal der kleinen, gelbbraunen Girlitze ist der winzige Schnabel. Sie sind die kleinste Art unter den heimischen Finkenvögeln. Ab April ist ihr schneller Gesang zu hören. Er klingt wie das hohe Klirren von splitterndem Glas und ist unverkennbar. Die Männchen tragen ihn von hohen Warten aus oder in einem gaukelnden Singflug vor.

WOHNORT: Girlitze gelten als typische Stadtrandbewohner und sind überwiegend in Parks und Gärten mit Nadelbäumen zu finden. Über die Wintermonate ziehen sie in den Mittelmeerraum, nur gelegentlich sind sie bei uns auch als Wintergäste zu beobachten.

NAHRUNG: Feine Körner suchen Girlitze vorwiegend am Boden und nehmen sie direkt an den Samenständen von Kräutern auf. An Futterstellen fressen sie folgerichtig kleinere Körner wie Hirse oder Distelsamen. Wie die meisten Finkenvögel suchen sie Nahrung hauptsächlich in den Morgenstunden. Girlitze kommen häufig an Tränken und baden auch gerne.

FAMILIENLEBEN: Die napfförmigen Nester liegen immer gut geschützt und schwer einsehbar auf Bäumen, Sträuchern und Kletterpflanzen, vor allem immergrünen Gehölzen, und sind dicht aus Gras, Bast und Moos gewebt. Ab April bebrütet das Weibchen drei bis sechs Eier, während es vom Männchen mit Nahrung versorgt wird. Beide Elternvögel verfüttern im Magen vorgeweichte Sämereien an ihre Jungen. Nach dem Ausfliegen verteilen sich die Jungen in der näheren Nestumgebung und rufen laut bettelnd nach Futter.

NAHRUNG IN DER NATUR:
Feine Sämereien von Kräutern, frische Pflanzenteile wie Kätzchen und Knospen

FUTTER-VORLIEBEN:
Feine Sämereien

Erlenzeisig

Ganzjahresvogel, Wintergast

TYPISCH: Mit ihrem gelbgrün und schwarzen Gefieder ähneln Erlenzeisige kleinen Grünfinken. Deutliches Merkmal aber ist ihre schwarze Kopfplatte. Sie rufen häufig ein wiederholtes „zäi“, ihren Gesang tragen sie schnell schwätzend vor.

WOHNORT: Erlenzeisige brüten in Nadelwäldern, im Winter aber kommen sie – häufig in größeren Trupps – auch in Gärten und Parks. Dazu finden sich noch viele Erlenzeisige aus nordöstlichen Brutgebieten als Wintergäste bei uns ein. Werden sie bei der Nahrungssuche gestört, fliegen alle Vögel des Trupps gemeinsam auf und lassen sich in benachbarten Bäumen nieder.

NAHRUNG: Namengebend ist die Vorliebe der kleinen Finkenvögel für Erlen- und Birkensamen, die sie mit ihren spitzen Schnäbeln aus Zapfen und Kätzchen herauspicken. Sie fressen aber auch andere Baumsamen, vor allem von Fichten. Haben diese in einem Jahr wenig Samen, ziehen Erlenzeisige zur Brutzeit mitunter weite Strecken in Gebiete mit günstigerem Nahrungsangebot.

FAMILIENLEBEN: Das kompakte Nest aus kleinen Reisern, Moos und Flechten liegt auf Bäumen und ist innen weich gepolstert. Der Legebeginn ist sehr unterschiedlich, manchmal schon im Februar. Bis zu zwei Wochen lang bebrütet das Weibchen vier bis fünf Eier. Nach weiteren zwei Wochen fliegen die Jungen aus und werden nochmals etwa drei Wochen gefüttert, bis sie selbstständig sind.

NAHRUNG IN DER NATUR:
Baumsamen, Sämereien von Kräutern (Disteln, Ampfer), im Frühjahr auch Knospen, im Sommer Insekten

FUTTER-VORLIEBEN:
Feine Sämereien, Distelsamen, Fettkuchen

Grünfink

Ganzjahresvogel

TYPISCH: Aufgrund ihrer Größe und ihres kräftigen Schnabels sind Grünfinken eigentlich unverwechselbar. Wie der Name sagt, ist die Grundfarbe ihres Gefieders grün, mit gelben und grüngrauen Anteilen; Weibchen wirken etwas bräunlicher als die Männchen. Im Flug rufen sie schnell „gigigi…", charakteristisch ist auch ein langgezogenes „dschääi".

WOHNORT: Grünfinken lieben halboffene Landschaften mit Bäumen, Baumgruppen, Gebüsch und Freiflächen. Gerne brüten sie in immergrünen Gehölzen.

FAMILIENLEBEN: In Bäumen, Sträuchern oder auch Kletterpflanzen wird aus trockenen Reisern und Gras ein Nest gebaut, das innen mit Haaren, feinen Halmen und Federn ausgekleidet ist. Nach zwei Wochen des Brütens schlüpfen die drei bis sieben Jungen, die von beiden Eltern zwei Wochen lang im Nest und nochmal zwei Wochen nach dem Ausfliegen gefüttert werden. In den ersten Tagen fressen die Jungen nur Insekten, aber bald schon wird auch Körnerbrei verfüttert. Außerhalb der Brutzeit sind Grünfinken häufig in kleinen Trupps an gemeinsamen Schlafplätzen anzutreffen.

AN DER FÜTTERUNG: Grünfinken kommen oft an Futterstellen und führen sich dort gegenüber anderen Vögeln recht aggressiv auf. Besonders gerne fressen sie Sonnenblumenkerne, beliebt sind auch an Rosensträuchern verbliebene Hagebutten.

NAHRUNG IN DER NATUR:
Samen, Früchte (Hagebutten), Blatt- und Blütenknospen

FUTTER-VORLIEBEN:
Sämereien, vor allem Sonnenblumenkerne, geschrotete Erdnüsse, Obst

Stieglitz

Ganzjahresvogel, Wintergast

TYPISCH: Der Stieglitz ist einer unserer buntesten Gartenvögel. Sein Gefieder ist braun, gelb, schwarz und beige, mit schwarz-weißem Kopf und roter Gesichtsmaske. Stieglitze fliegen typischerweise in wellenförmiger Bahn, meist rufen sie dabei ihren Namen: „stigelitt".

WOHNORT: Sie leben vorwiegend in der offenen Kulturlandschaft mit Wald-, Feld- und Grabenrändern, wo sie Nahrung finden, kommen aber durchaus auch in naturnahe Gärten.

NAHRUNG: Mit ihrem langen, spitzen Schnabel ziehen sie geschickt die Samen aus den Samenständen von Korbblütlern heraus, vor allem von Disteln und Kletten, daher werden sie häufig auch „Distelfink" genannt. Die Samen werden am liebsten gefressen, bevor sie ganz ausgereift und hart geworden sind.

FAMILIENLEBEN: Hoch in Bäumen oder Büschen bauen Stieglitze ein Nest aus Halmen, Moos und feinen Wurzeln, das außen mit Flechten getarnt und innen mit den Samenhaaren von Disteln gepolstert wird. Zwischen Mai und August schlüpfen vier bis sechs Junge, die mit im Kropf vorgeweichten Samen und kleinen Insekten, etwa Blattläusen, gefüttert werden.

AN DER FÜTTERUNG: An Futterstellen können Sie ihnen in speziellen Futtersilos mit besonders kleinen Löchern Niger- und Distelsamen anbieten. Im Winter finden sich häufig auch Stieglitze aus weiter nördlich gelegenen Brutgebieten dort ein.

NAHRUNG IN DER NATUR:
Sämereien, insbesondere Distelsamen, Baumsamen; zur Jungenaufzucht kleine Insekten (Blattläuse)

FUTTER-VORLIEBEN:
Feine Sämereien, zum Beispiel Nigersamen und Distelsamen, geschrotete Erdnüsse

Gimpel

Ganzjahresvogel

TYPISCH: Gimpel tauchen meist paarweise auf. Das Männchen hat einen grauen Rücken und eine leuchtend rote Brust, das Weibchen ist eher graubraun und insgesamt blasser gefärbt. Beide tragen eine schwarze Kopfplatte, die ihnen den weit verbreiteten Namen „Dompfaff“ eingebracht hat. Ihr gut erkennbarer, allerdings recht leiser Ruf ist ein gedehntes, wehmütiges „djüh“. Der Gesang ist noch leiser, er besteht aus weichen, gezogenen Flötentönen.

WOHNORT: Bevorzugt werden immergrüne Büsche und Bäume in Wäldern, Parks und Gärten. Häufig hört man den Ruf der Vögel, noch bevor man sie im dichten Geäst ausmachen kann.

FAMILIENLEBEN: So auffällig Gimpel im Winter oft sind, so unauffällig verhalten sie sich während der Brutzeit. Auf einer Plattform aus kleinen Reisern baut das Weibchen das Nest aus feinen Wurzeln. In seine mit feinem Gras oder Haaren ausgepolsterte Mulde legt es vier bis sechs Eier. Nach 14 Tagen Brüten schlüpfen die Jungen, nach weiteren zwei Wochen fliegen sie aus, werden aber nochmals etwa drei Wochen lang gefüttert. Zwischen Mai und Juni finden meist zwei Bruten statt.

AN DER FÜTTERUNG: Die Nahrung der Gimpel besteht hauptsächlich aus Körnern, im Frühjahr fressen sie auch Obstbaumknopsen. An Futterstellen können Sie gut beobachten, wie die Vögel mit ihrem kurzen, kräftigen Schnabel und ihrer Zunge geschickt die Schalen zum Beispiel von Sonnenblumenkernen entfernen.

NAHRUNG IN DER NATUR:
Knospen, Samen, Kerne von Beeren und Früchten, zur Jungenaufzucht vor allem Raupen

FUTTER-VORLIEBEN:
Sämereien, zur Brutzeit Mehlwürmer

Service

Zum Weiterlesen

Vögel füttern

- Berthold, P. und G. Mohr (2012): **Vögel füttern, aber richtig.** 3. Auflage. Franckh-Kosmos Verlag, Stuttgart
- Burton, R. (2003): **Birdfeeder Guide. RSPB.** Dorling Kindersley, London
- Schäffer, A. und N. Schäffer (2012): **Gartenvögel – Naturbeobachtungen vor der eigenen Haustür.** 3., korrigierte Auflage. Aula-Verlag, Wiebelsheim

Vogelfreundlicher Garten

- Boomgaarden, H., W. Ollig und B. Oftring (2011): **Natur sucht Garten**. Verlag Eugen Ulmer, Stuttgart
- Thomas, A. (2010): **RSPB Gardening for Wildlife**. A&C Black, London
- Witt, R. (1999): **Ein Garten für Vögel**. Kosmos Verlag, Stuttgart
- Witt, R. (2013): **Natur für jeden Garten**. Naturgarten Verlag, Ottenhofen

Nisthilfen

- David, W. (2016): **Fertig zum Einzug: Nisthilfen für Wildbienen**. Leitfaden für Bau und Praxis – so gelingt`s. Pala Verlag, Darmstadt
- Orlow, M. von (2015): **Mein Insektenhotel. Wildbienen, Hummeln & Co. im Garten.** Verlag Eugen Ulmer, Stuttgart
- Richarz, K. und M. Hormann (2013): **Einfach selber bauen: Artgerechte Nist- und Futterhäuser für heimische Vögel.** Aula-Verlag, Wiebelsheim
- Tinz, S. (2014): **Ideenbuch Vogelhäuschen.** Stilvolle Nistkästen, Futterhäuser, Tränken. Verlag Eugen Ulmer, Stuttgart

Mit Kindern, für Kinder

- Blessing, K. (Hrsg.) (2008): **Natur entdecken mit Kindern**. Verlag Eugen Ulmer, Stuttgart
- Hecker, F. & K. (2009): **Das große Naturerlebnisbuch.** Verlag Eugen Ulmer, Stuttgart
- Hecker, F. & K. (2015): **Vögel – Naturführer für Kinder.** Verlag Eugen Ulmer, Stuttgart
- Oftring, B. (2009): **Expedition Natur – Heimische Vögel beobachten**. Moses Verlag, Kempen

Vereine

Landesbund für Vogelschutz in Bayern e.V. (LBV)

www.lbv.de
Unter > Ratgeber > Haus und Garten finden sich jede Menge Vorschläge und Tipps zur Gestaltung eines naturfreundlichen Gartens, angefangen wie Sie welche Tier in den Garten locken bis hin zu Gärtnern ohne Torf und Ratschlägen zum Thema Schnecken.
Im LBV-Shop www.lbv-shop.de erhalten Sie neben Vogelfutter auch Futtersilos, Nistkästen, Bestimmungsbücher und vieles mehr.

Naturgarten e.V.
Verein für naturnahe Garten- und Landschaftsgestaltung
www.naturgarten.org
Hier finden Sie Rat und Hilfe bei der Gestaltung eines naturnahen Gartens. Unter www.naturgarten-fachbetriebe.de sind von Naturgarten e.V. anerkannte Fachbetriebe aufgelistet, unter anderem auf heimische Pflanzen spezialisierte Gärtnereien.

Naturschutzbund Deutschland e.V. (NABU)
www.nabu.de
Unter > Tiere und Pflanzen > Vögel finden Sie Tipps, was Sie für Vögel in Ihrem Garten tun können.

Bezugsquellen

Paul's Mühle
bietet Wildvogelfutter aus eigener Herstellung sowie nützliches Zubehör an.
www.pauls-muehle.de

Schwegler Vogel- und Naturschutzprodukte
www.schwegler-natur.de

Vivara
Spezialist für Naturschutzprodukte, zum Beispiel Futtermittel, Nistkästen und Pflanzen.
www.vivara.de

Die Autoren

Dr. Norbert Schäffer, Jahrgang 1964, studierte Biologie mit Schwerpunkt Tierökologie und promovierte im Bereich Ornithologie. Er war von 1996 bis 2014 Mitarbeiter der Royal Society for the Protection of Birds (RSPB) in Großbritannien, zuletzt Leiter der Abteilung Internationale Naturschutzpolitik und Artenschutz. Seit 2014 ist er hauptamtlicher Vorsitzender des Landesbund für Vogelschutz in Bayern (LBV). Außerdem ist er seit 2008 Chefredakteur der renommierten ornithologischen Zeitschrift „Der Falke“.

Anita Schäffer, Jahrgang 1968, studierte Forstwirtschaft in Weihenstephan, Diplomarbeit zu Naturerziehung und Umweltbildung. Seit 2009 ist sie freiberuflich im Bereich Printmedien zu Vogelkunde, Natur vor der Haustür und Umweltbildung tätig.

Anita und Norbert Schäffer haben fast 20 Jahre in England gelebt, wo Vogelkunde, Vogelbeobachtung und auch Vogelfütterung einen ganz anderen Stellenwert haben als in Deutschland. Sie füttern selber Vögel in ihrem Garten, der so gestaltet ist, dass sich möglichst viele Arten wohlfühlen – nicht nur Vögel – und wo Wildnis und Unordnung zugelassen sind. Die Autoren möchten Begeisterung wecken für die Artenvielfalt um uns herum, vor der eigenen Haustür, im eigenen Garten oder nahen Park, Wald und Feldflur.

Schnell nachgeschlagen

Bildquellen

Die Zeichnung auf Seite 81 stammt von **Paschalis Dougalis**.

Hecker, Frank Naturfotografie:
2, 6, 11, 12, 20, 25, 29, 31, 40/41, 43, 51, 53, 59, 60, 64, 67, 70, 71, 86, 98, 99, 100, 101, 102, 106, 113, 115, 116

mauritius images: 84/85

Meier, Nina: 123 l.

Naturepl.com:
Alan Williams: 78 2.v.u.
Andy Sands: 82
Ben Hall/2020VISION: 36
DAVID TIPLING: 26
Erlend Haarberg: 38
Jose Luis GOMEZ de FRANCISCO: 78 o.
Markus Varesvuo: 4/5
Mike Wilkes: 78 u.
Paul Hobson: 108

Schäffer, Anita: 76
Schäffer, Norbert: 123 r.
Schulze, Klaus: 16

Shutterstock.com:
AlekseyKarpenko: 34, 103, 112
allanw: 114 (52)
Andrew M. Allport: 95
animalphotography.ch/shutterstock.com : 75
Bildagentur Zoonar GmbH: 44, 105
Borislav Borisov: 42
CameraLex: 49
El Coronesta: 118 (52)
Erni: 68
Gallinago_media: 94 (52)
Gerald A. DeBoer: 90
IanRedding: 96 (52)
Jausa: 46
Jesus Giraldo Gutierrez: 119
Kichigin: 55
Marcin Perkowski: 110 (52), 104 (52)
Matej Ziak: 117
Menno Schaefer: 88
Ondrej Prosicky: 109
Opalev Vyacheslav/shutterstock.com: 22
Peter Wey: 19
Rudmer Zwerver: 107, 111 (52)
SanderMeertinsPhotography: 120/121
Sandra Standbridge: 8
scooperdigital: 14
Starover Sibiriak: 79
sysasya photography: 78 2. v. o.
Wolfgang Kruck: 89
YK: 50

Spillner, Wolf: Titelfoto vorn

Zoonar:
BAES: 93
Lutz Stepan: 97
Markus Essler: 91
Petra Wegner: 87
tbkmedia: 92

Dank

Ganz herzlich möchten wir uns bei Prof. Dr. Franz Bairlein für die ausführliche Diskussion und wissenschaftliche Beratung bedanken.

Impressum

Bibliografische Information der Deutschen Nationalbibliothek
Die Deutsche Nationalbibliothek verzeichnet diese Publikation in der Deutschen Nationalbibliografie; detaillierte bibliografische Daten sind im Internet über http://dnb.d-nb.de abrufbar.
Wollgrasweg 41, 70599 Stuttgart (Hohenheim)
E-Mail: info@ulmer.de
Internet: www.ulmer-verlag.de
Lektorat: Ina Vetter
Herstellung: Ulla Stammel, Sara Holfelder
Umschlagentwurf: Atelier Reichert, Stuttgart
Layout und Satz: red.sign GbR, Stuttgart, Susanne Junker, Anette Vogt
Druck und Bindung: Firmengruppe APPL, aprinta druck, Wemding
Printed in Germany

ISBN 978-3-8001-0294-5

Hier können Sie weiterlesen:

Dieser Naturführer schafft Ihnen einen schnellen Überblick über alle wichtigen Wildfrucht- und Wildkräuterarten. Sie können ganz einfach Wildkräuter bestimmen und giftige Beeren von essbaren Beeren unterscheiden. Außerdem erfahren Sie hier, wie Sie die Wildpflanzen weiter verwenden können und viele Wildkräuter Rezepte, damit Ihnen das Kochen mit Wildkräutern und Wildfrüchten garantiert gelingt.

Essbare und giftige Wildpflanzen.

Über 200 Kräuter, Beeren und Nüsse. Bruno P. Kremer. 3., aktualisierte Auflage 2017. 192 S., 200 Farbfotos, Klappenbroschur. ISBN 978-3-8001-0898-5.

In diesem Buch finden Sie und Ihre Kinder über 200 Arten von Säugetieren, Vögeln, Eidechsen und Fröschen, Fischen, Insekten und anderen Krabbeltieren, von Blumen, Bäumen und Sträuchern. Die Texte sind bewusst kurz gehalten, dafür hochspannend und einprägsam. Forschertipps, Rezepte und Bau- und Bastelanleitungen bieten viele Tipps für Aktivitäten in der Natur. Ein toller Begleiter für draußen – oder ganz einfach zum Schmökern zuhause.

Der große Naturführer für Kinder.

Tiere und Pflanzen. Frank und Katrin Hecker. 2016. 256 Seiten, 245 Farbfotos, 230 Zeichnungen, kart. ISBN 978-3-8001-0391-1.

Ulmer **www.ulmer.de**